種類・特徴から材質・用途までわかる

樹木と木材の図鑑

日本の有用種101

西川栄明
監修:小泉章夫

創元社

はじめに

　この本は、一つの木について、立ち木（葉、樹皮などを含む）、平板の木材見本、その木が使われているもの（建築物、家具、道具など）を、写真と簡潔な解説で紹介する図鑑です。掲載した木は101種。日本に生えている木の中で、木材として利用されてきた有用種を選びました。

　日頃から木というキーワードでつながっている友人知人、そして拙著の読者の皆さんからの要望が、本書を企画するきっかけになりました。知人たちのプロフィールをざっと挙げてみると、木工家、木材会社の社長・社員、林業関係者、ネイチャーガイド、自然愛好家、建築家、木育活動に取り組んでいる人たちなどです。
　林業関係者やネイチャーガイドは「生えている樹木のことなら詳しいけど、木材になったらさっぱりわからない」と言い、木工家や木材会社の人たちは「材のことなら大体わかる。でも、生えている木や葉っぱのことはよく知らない」と言います。木育の普及活動に熱心に取り組んでいる方からは「木は大好きなのですが、それぞれの木の特徴や使われ方について知らないことがいっぱいある。もっと勉強したい」という声が届きました。そこで、いずれの立場の人にも手に取ってもらえるように、樹木、木材、木の使われ方を1冊にまとめた本を企画したのです。
　では、以下に改めて本書の特徴を記します。

1. 樹木、木材、使われているものをまとめて紹介

　1樹種につき見開き2ページで、樹木、葉、樹皮、平板の木材見本、その木が使われている道具などを、数枚の大きめの写真で一挙に紹介しています。解説と写真説明では、その木や材の特徴などをコンパクトにまとめました。自然観察にも木材加工の際にも役に立てていただける、今までの樹木図鑑や木材図鑑にはなかったタイプの図鑑です。

2. 掲載した木は有用種101

　数多くの木の中から、日本に生えている樹木で材として使われてきた有用種を101選びました。ヒノキやケヤキなどの代表的有用種はもちろんのことですが、世間一般にはあまり知られていない木でも、特殊な用途に用いられているものは掲載しています。例えば、沖縄の海岸でよく見かけるモンパノキ。沖縄に住んでいなければ、ほとんどなじみがありま

せん。しかし、肉厚の葉は日光に当たるととても美しく、用途としても漁師が用いる水中メガネ（ミーカガンという）の枠として重用されてきました。このような知る人ぞ知る木を、積極的に取り上げました。なぜこの道具にこの木が選ばれたのかという点に思いを馳せると、先人たちの洞察力の深さを感じ入ることができます。

3. 古い時代の道具も多数掲載

　木製品については、現在使われていなくても昔はよく利用されていたものをいくつか紹介しています。縄文時代や古墳時代などの遺跡からの出土品も、博物館などのご協力を得て写真を掲載しました。例えば、ユズリハの石斧の柄（福井県立若狭歴史博物館所蔵）、コウヤマキの木棺（奈良県立橿原考古学研究所附属博物館所蔵）などです。また、竹中大工道具館（神戸）に所蔵されている、かつて名工が使っていた貴重な大工道具類の中から、素材が特定されているものを収録しました。

4. 他の木との見分け方のポイントを紹介

　近縁種やよく似た葉を持つ木などとの見分け方について、解説文や写真説明の中で随時触れています。例えば、エノキの葉の説明では、「特徴は、葉の縁の先半分にギザギザがつき、下側の縁は滑らかなこと。（中略）よく混同されるムクノキは、縁すべてにギザギザがあり葉幅が狭い。ケヤキの葉も幅が狭く、長さはエノキよりもやや短め」としています。

　解説文の執筆にあたっては、樹木関係の研究者、木材関係者（木材会社など）、木工家・木工職人など日頃から木と接している方々へ取材した内容を加味してまとめています。さらに、北海道大学農学部森林科学科の小泉先生に監修していただきました。

　「木は二度生きる」と言います。木が自然環境の中で樹木として生きていた時代、その後、材や道具などになって息長く使われたり保存されたりしてきた時代。本書を通して木が長い年月にわたって生きてきたことを思いつつ、木の奥深さを味わってもらえれば幸いです。

西川栄明

2	はじめに
6	本書の見方（凡例）

8	001 アオダモ
10	002 アカエゾマツ
12	003 アカガシ
14	004 アカギ
16	005 アカマツ
18	006 アサダ
20	007 アズキナシ
22	008 イスノキ
24	009 イタヤカエデ
26	010 イチイ
28	011 イチョウ
30	012 イヌエンジュ
32	013 イヌマキ
34	014 ウメ
36	015 ウルシ
38	016 エゴノキ
40	017 エゾマツ
42	018 エノキ
44	019 オニグルミ
46	020 オノオレカンバ
48	021 カキ、クロガキ
50	022 ガジュマル
52	023 カツラ
54	024 カバ類
56	025 カマツカ
58	026 カヤ
60	027 カラマツ
62	028 キハダ
64	029 キリ
66	030 クスノキ
68	031 グミ類
70	032 クリ
72	033 クロマツ
74	034 クロモジ
76	035 ケヤキ
78	036 ケンポナシ
80	037 コウヤマキ

目次

種類・特徴から
材質・用途までわかる

樹木と木材の図鑑

82	038 コナラ		160	077 ヒバ
84	039 コブシ		162	078 ヒメコマツ
86	040 サルスベリ		164	079 ビワ
88	041 サワラ		166	080 フクギ
90	042 サンショウ		168	081 ブナ
92	043 シイ		170	082 ホオノキ
94	044 シウリザクラ		172	083 ポプラ
96	045 シオジ		174	084 マユミ
98	046 シデ		176	085 ミカン
100	047 シナノキ		178	086 ミズキ
102	048 シュロ		180	087 ミズナラ
104	049 シラカシ		182	088 ミズメ
106	050 シラカンバ		184	089 ムクノキ
108	051 スギ		186	090 モチノキ
110	052 セン		188	091 モッコク
112	053 センダン		190	092 モミ
114	054 ソウシジュ		192	093 モンパノキ
116	055 ソヨゴ		194	094 ヤチダモ
118	056 タブノキ		196	095 ヤマグワ
120	057 チャンチン		198	096 ヤマザクラ
122	058 ツガ		200	097 ヤマナシ
124	059 ツゲ		202	098 ユズリハ
126	060 ツバキ		204	099 リュウキュウコクタン
128	061 デイゴ		206	100 リュウキュウマツ
130	062 テリハボク		208	101 リョウブ
132	063 トガサワラ			
134	064 トチ		210	その他の木材見本

210 その他の木材見本
神代カエデ、神代クリ、神代ケヤキ、神代スギ、神代タモ、神代ナラ、神代ニレ、神代ホオ、アカメガシワ、イイギリ、イブキ

211 ウバメガシ、カゴノキ、キンモクセイ、クヌギ、コシアブラ、ザクロ、サワグルミ、シキミ、シラビソ、トウヒ、ドロノキ、ナナカマド

212 ニワウルシ、ネムノキ、バクチノキ、ヒメシャラ、フジキ、ブドウ、メグスリノキ、メタセコイア、ヤブニッケイ、ヤマモモ、ユリノキ、リンゴ

136	065 トドマツ
138	066 ナンテン
140	067 ニガキ
142	068 ニセアカシア
144	069 ニレ
146	070 ネズコ
148	071 ネズミサシ
150	072 ハゼノキ
152	073 バッコヤナギ
154	074 ハンノキ
156	075 ヒイラギ
158	076 ヒノキ

213	木の用途別一覧
214	用語解説
216	樹種名索引
219	学名索引
221	参考文献、協力
222	監修を終えて（小泉章夫）
223	あとがき（西川栄明）

本書の見方（凡例）

❶木の名前（五十音順に掲載）
木には、植物としての名称、木材としての名称、特定地域での方言など様々な名前を有する場合が多い。タイトルの木の名前については、一般的に知られているものを選んだ（標準和名でない場合もある）。その他の名称は、別名の欄に掲載。

❷漢字名
当て字や中国名を含む。

❸別名
略称や特定地域での呼称などを含む。各地の方言で数多くの呼び名のある木は、代表的なものだけを掲載。

❹学名
広葉樹はAPG体系を基本とする。

❺科名
広葉樹はAPG体系を基本とする。〔 〕内は従来の科名。散孔材、環孔材、放射孔材などについては、用語解説ページ（P214、215）と左下の写真を参照。

❻分布
海外でも生育している木であっても、国内生育地に限定して記載。日本に自生していなかった木については、海外の原産地を記載。

❼比重
比重は気乾比重（通常の大気の温度・湿度条件における比重）。数値が高いほど一般的に重硬な材とされ、1を超えると材は水に沈む。数値は以下の文献などを参考にして記述（発行元などは参考文献〔P221〕参照）。数値を範囲で表示している場合と単独値表示

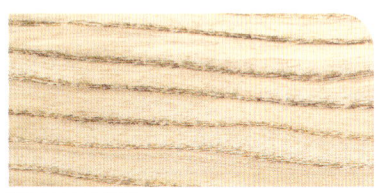
環孔材（ヤチダモ）

散孔材（マカバ）

放射孔材（シイ）

針葉樹材（ヒノキ）

064

❶ トチ
❷ 栃、橡

❸	別名	トチノキ
❹	学名	Aesculus turbinata
❺	科名	ムクロジ科〔トチノキ科〕（トチノキ属）落葉広葉樹（散孔材）
❻	分布	北海道（南西部）、本州、四国、九州（中北部）
❼	比重	0.40～0.63

がある。0.45*のように、「*」が付いているデータは、北海道大学農学部木材工学研究室で測定。
『木の大百科』『原色木材大図鑑』『有用樹木図説 林木編』『原色 木材加工面がわかる樹種事典』

❽木材見本、木材説明
木材の木目や色合いなどは、個体差があるのをご留意ください。

❾本文、写真説明
・樹高、葉の長さなどの数値は、おおよその目安とする。
・樹皮の模様や裂け目の深さなどは、樹齢による違いや個体差があることをご留意ください。
・葉の説明で、長さと幅（最大幅）の表記は基本的に葉身のサイズを示す。葉身、葉柄の位置、羽状複葉、掌状複葉については右下の写真と用語解説ページ（P214、215）参照。

❿写真
右ページ上に、平板の木材見本写真を掲載。その他は、立ち木、樹皮、葉、木が使われているもの（家具、道具、建築部材など）の写真を掲載。撮影は、主に渡部健五。渡部以外の撮影及び写真提供は以下に記載（敬称略）。

加藤正道　P107-2
北区飛鳥山博物館（提供）　P184
小泉章夫　P21-3、P95-4、P137-3、P179-1
奈良県立橿原考古学研究所附属博物館（提供）P81-4
西川栄明　P60、P65-2、P123-3、P137-1
平塚一明　P155-1
広瀬節良　P125-1,2,3
福井県立若狭歴史博物館（提供）　P203-3
北海道上川総合振興局（提供）　P19-4
北海道林業・木材産業対策協議会（提供）P137-2
法輪寺（提供、撮影：飛鳥園）　P67-1
本田匡　P11-2、P100

❽ 心材と辺材の境目は不明瞭で、全体的に白に近いクリーム色をしている。年輪はわかりにくい。縮み杢、波状杢が現れることが多い。板目材ではリップルマーク（さざ波状の模様）が出る。広葉樹としては柔らかく、切削加工はやりやすいが、ロクロ加工はよく刃を研がないとやりにくい。仕上がりはきれいで光沢が出る。

064 トチ

様々な杢が現れる材、貴重な食料だった種子、葉は大きなてのひら形

森の中や公園を歩いていると、葉先に近い側がやや膨らんだ、楕円形の葉が目に入ってくる。それはトチかホオノキの場合が多い。遠目には似たように見えても、この両者の葉には大きな違いがある。トチは、てのひら形の小葉が7枚前後つく複葉（掌状複葉という）で、縁に細かい鋸歯がつく。ホオノキは単葉が集まって枝先につき、縁が滑らかで鋸歯がない。街路樹に多い外国産の雑種ベニバナトチノキ（A. ×carnea）の葉は、掌状複葉だが鋸歯のギザギザに長短があり粗い。

材は広葉樹としては柔らかい。木肌は緻密で、絹のような光沢が出る。特徴は縮み杢などの杢が現れることで、光のあたる角度によっては妖しい雰囲気を醸し出す。最近、このような木の表情に人気が出ており、材の価格がケヤキよりも高くなる傾向にある。トチは切削加工や乾燥は容易だが、暴れやすく耐久性も劣る。そのため建築材にはあまり向いておらず、ケヤキより下のランクに位置付けされていた。用途は家具材、杢を生かした工芸品、漆器の下木地などが多い。種子は縄文時代から貴重な食料だった。

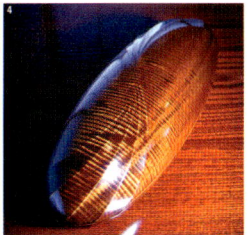

単葉

鋸歯／葉身／葉柄

羽状複葉

掌状複葉

左ページ：拭き漆仕上げの器（作：山田真子）。トチの幻想的な木肌の表情が表れている。1 通常は高さ15〜20m、直径50〜60cmほどの高木。高さ30m、直径2m以上に成長する木もある。5〜6月頃、円錐状の房のようになって（円錐花序）白い花をつける。9〜10月頃、果実が熟し3裂した後に種子を落とす。2 若木の樹皮は灰色系で、縦に浅く裂ける。樹齢を重ねるにつれ、褐を帯びて縦方向の波形の模様が出る。老木になると剥がれていく。3 葉は、大きな小葉5〜9枚からなる複葉（掌状複葉という）で対生している。小葉の長さ20〜40cm、幅5〜12cm程度。小葉の先端は、細く尖った形、縁は非常に細かいギザギザの鋸歯がつく。ホオノキの葉も大きいが、単葉なので見分けがつく。4 栃拭漆流麗飾箱（作：宮本貞治）。第57回日本伝統工芸展「日本工芸会奨励賞」受賞作。

001

アオダモ

青梻

別名	コバノトネリコ
学名	*Fraxinus lanuginosa*
科名	モクセイ科（トネリコ属）
	落葉広葉樹（環孔材）
分布	北海道〜九州
比重	0.62〜0.84

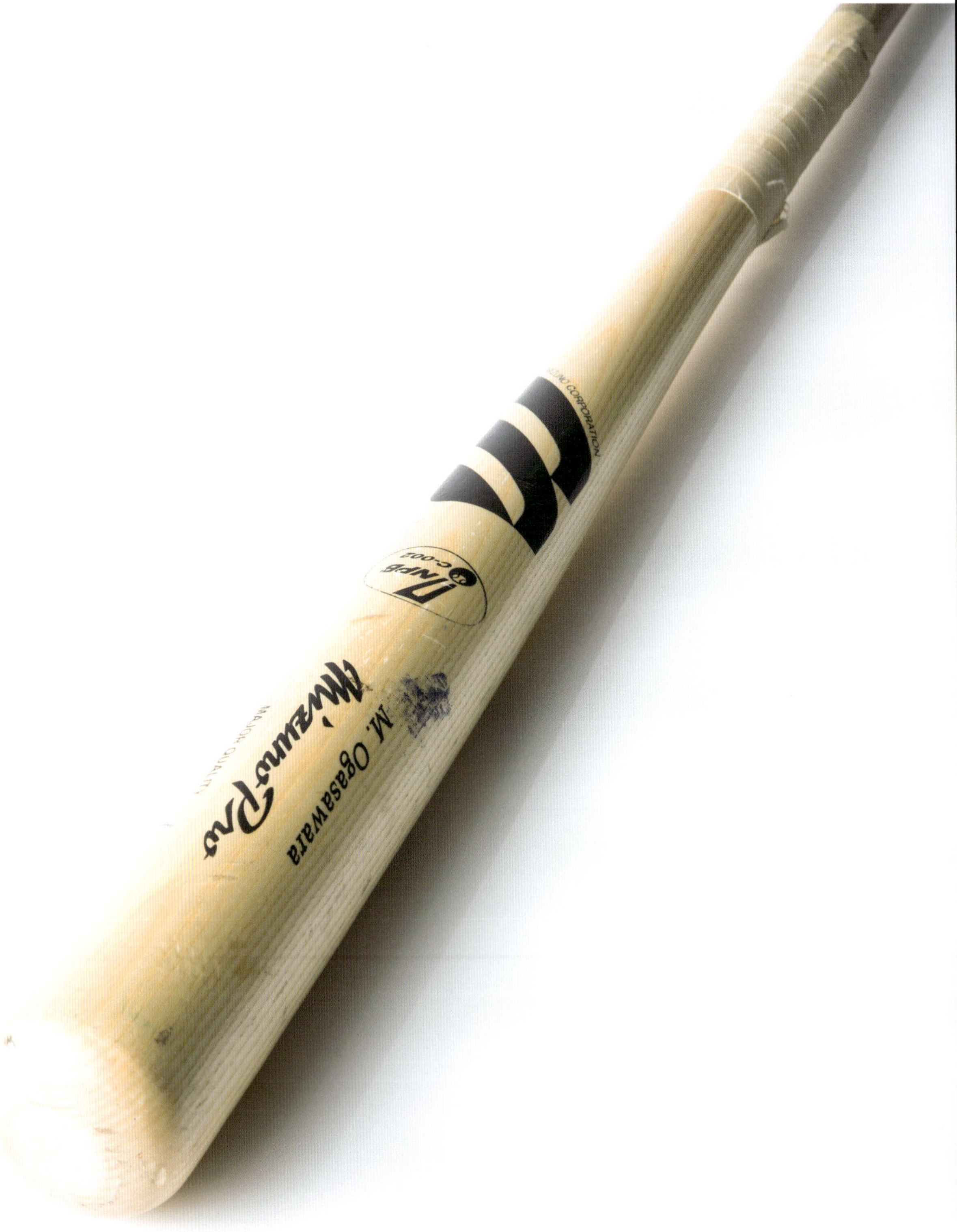

木目はほぼ真っすぐで細かい。年輪ははっきりと出る。心材と辺材の境界がわかりにくい。材色は白っぽいが、ややクリーム色がかっている。「パッと見にはホワイトアッシュと区別のつかないことがある」（木材業者）。匂いをあまり感じない。ヤチダモやシオジよりも硬い。

001 アオダモ

硬さと粘りがあり、衝撃にも強い優良バット素材

アオダモといえば、すぐに思い浮かべるのがバットである。10数年前まで、プロ野球選手が使用するバットの素材はアオダモだった。硬さと粘りがあり、衝撃に強いという性質がバットや運動具材に向いている。各地の低山地に生えているが、特に北海道・日高地方のアオダモがバットの優良材とされてきた。「日高はわりと暖かで雪が少ない。針葉樹と競って生えているから、まっすぐに伸びる。土壌もいい」（バット製造会社）という理由からだ。

それが、大リーガーのバリー・ボンズ選手がメープル材バットを使い出した2000年頃から、日本でも同材のバットを使う選手が出始めた。それから10数年後には、アオダモ材バットは少数派になってしまった。それでも、イチロー選手はアオダモのバットを愛用してきた。メープルよりも粘りがあるので、しなりを生むバットに仕上がる。ボールに食らいつくような選手に向いているといわれる。

アオダモは幹や枝の切り口を水につけると、水が青色を帯びていく。これが名前の由来とされる。同属のトネリコとは、立木でも材でも判別が難しい。

左ページ：プロ野球選手が使っていたバット。通常、1本の丸太から芯をはずして4本のバット材を取る。プロ仕様の材は木目の通りのよさなどから厳選される。1：高さ5mほどの木が多いが、高さ約15m、直径50～60cmほどに成長する場合もある。成長は遅く、バット材がとれるまでに数十年かかる。写真の木は少し曲がり気味だが、真っすぐに生える木がバット材として重用される。4～5月頃、小さな白い花がたくさん咲く。2：樹皮はやや白っぽい灰色系で滑らかな皮肌。地衣類がついて、表面がまだら模様になることが多い。3：奇数枚（3、5、7枚）の小葉が対生している奇数葉状複葉。小葉は楕円形で葉先は尖る。長さ4～10cm程度。縁は細かいギザギザの鋸歯がついている。表面は無毛。同属のヤチダモは小葉が7～11枚つき、アオダモよりひと回り大きい。

002

アカエゾマツ
赤蝦夷松

別名	ヤチシンコ
学名	*Picea glehnii*
科名	マツ科（トウヒ属）
	常緑針葉樹
分布	北海道、早池峰山（岩手県）
比重	0.35〜0.53

成長が遅いので、木目が詰まっている。切削加工に向いているが、旋盤加工では苦労する。年輪界は黄色っぽく、その他は白っぽい。全体的にエゾマツ（クロエゾ）とよく似ている。針葉樹の中ではスギより硬く、イヌマキよりは柔らかい。

002 アカエゾマツ

赤っぽい樹皮の色が名前の由来。ピアノの響板に重用されてきた

樹皮が赤味を帯びていることからアカエゾマツの名がついた。一般的にエゾマツと呼ぶ木の樹皮は黒っぽいので、別名クロエゾマツともいう。この両者はよく似ているが、樹皮以外にもいくつか相違点がある。例えば、葉の形ではクロエゾは扁平形で先が尖っている。アカエゾは針状で先はあまり尖っていない。松ぼっくりの形は、アカエゾの方がやや細身。

天然林で育った材は目が詰まっているものが多い。これは、他の木が生えないような場所でも生育できることが、かなり影響していると考えられる。条件の悪い場所で成長するには時間がかかる。その分、よく詰まった年輪ができる。その結果として、針葉樹の良材になりやすい。

用途としては建築材などへの使用の他に、ピアノやバイオリンの響板などの部材に用いられる。比ヤング率（ヤング率という変形のしにくさを表す指数を比重で割った率）が高く、音響変換効率が高く音の響きがいいとされる。ピアノ響板にはドイツウヒやスプルースがよく使われるが、国内楽器メーカーは北海道のアカエゾマツも重用してきた。

左ページ：樹皮は全体的に赤味を帯びている。うろこ状に裂けて、剥がれ落ちる。エゾマツ（クロエゾ）の樹皮は黒っぽい。葉は線形（針形）で、長さ0.5～1.2cm程度の短さ。多数の小さい葉が小枝の周りについている。成木の葉先はあまり尖っていないが、若木ではやや尖っているものもある。エゾマツ（クロエゾ）は扁平形で葉先が尖っており、触ると痛い。1：高さ30～40m、直径1～1.5mくらいまで成長する高木。枝を水平方向に伸ばす傾向にある。湿原に近い場所から乾燥しやすい火山礫地や蛇紋岩地帯まで、他の木が生えないような環境でも生育する。雌雄異株で、5～6月に雄花と雌花が開花。2：アカエゾマツ材が使われているピアノ響板（撮影：本田匡）。振動のエネルギーが音のエネルギーに変換される効率（音響変換効率）が高いという性質を備えているので、響板に適している。ピアノの鍵盤の部材にも使われる。

003 アカガシ
赤樫

別名	オオガシ、オオバガシ
学名	*Quercus acuta*
科名	ブナ科(コナラ属)
	常緑広葉樹(放射孔材)
分布	本州(新潟県・福島県以南)、四国、九州
比重	0.80〜1.05

名前の通り、材色は赤味を帯びている。「シラカシとは色で区別する」(木材業者)。年輪はあまりはっきり見えず、心材と辺材の区別もつきにくい。白っぽい斑が目立つ。非常に硬いが粘りのある硬さ。匂いをほとんど感じない。

003
アカガシ

国産材トップクラスの重硬さを生かし、様々な用途に使われる有用材

日本にはカシ類が数種類生えているが、アカガシはシラカシと共にその代表格である。材が赤味を帯びていることが、名前の由来とされる。

カシ材に共通する特徴は、何といっても硬さと重さ。漢字で、木へんに「堅」と書くことからもわかる。特にアカガシはシラカシよりも硬く、比重は1前後で国産材の中では最も重硬な部類に入る(リュウキュウコクタン、イスノキに次ぐ)。水に強く、狂いが少ない。それらの特性を生かして、古代から様々な用途に用いられてきた。例えば、縄文時代の石斧の柄、弥生時代の鍬や鋤などの農具、拍子木、木刀、そろばんの枠と珠、船の部材、山車の車輪、鉋の台など。硬いだけに加工しづらく、乾燥時にはかなり動く。南九州の山地から良材がよく出るが、イチイガシが混ざっている場合がある。

別名でオオガシと呼ばれるように、立ち木はカシの中で最も大きく成長する。高さ20m以上に達する木もある。細長い楕円形の葉の縁はほぼ滑らかで、他のカシ(程度の違いはあるがギザギザが出る)と区別する際の重要な見極めポイントとなる。

1

2

3

4

左ページ：カシ類の中では最も成長する。樹高20〜25m、直径1mほどになる。5〜6月に開花。1：アカガシの掛矢(杭打ちなどに使用)(竹中大工道具館所蔵)。2：アカガシを使っている、台直し鉋(立ち鉋)。鉋の台の下側(切削する木材に接する面)を調整する道具。立て刃で使用する。重厚さと狂いの少ないカシの性質が鉋の素材に向く(竹中大工道具館所蔵)。3：成木の樹皮。若木の時は灰色系だが樹齢を重ねると濃い緑色系の色合いとなり(やや赤っぽい部分もある)、うろこ状に剥げ落ちていく。4：長さ7〜20cm、最大幅5cmほどの大きめの葉(シラカシはもう少し小さめ)。葉先は細長く尖る。単葉、互生。カシ類の中では唯一、縁がほぼ滑らか。よく似ているツクバネガシ(*Q. sessilifolia*)の葉は、やや小ぶりで先端付近に細かいギザギザの鋸歯が見られる。

13

アカギ
赤木

別名	アカン、アハギ
学名	*Bischofia javanica*
科名	コミカンソウ科〔トウダイグサ科〕(アカギ属)
	常緑〔半常緑〕広葉樹(散孔材)
分布	沖縄、小笠原諸島(外来種)
比重	0.70〜0.80

木目は見えにくい。赤味の色合いが印象的。乾燥時にかなり暴れるが、乾燥後は加工しやすい。表面は滑らかで、仕上がりがきれい。ほのかに匂いを感じる。沖縄以外では、材はほとんど流通していない。

004
アカギ

樹皮も実も材も、その名の通りすべて赤っぽい

沖縄の樹木の代表格の一つだが、アカギといえば、茶色がかった濃い赤色の材や樹液の色合いが衝撃的だ。立ち木を見ても、樹皮は赤味を帯びている。そのインパクトの強さから名前がそのままついたのだろう（各地域によって様々な方言名はある）。秋には、やはり赤っぽい球形の果実が熟し、野鳥の餌場となる。沖縄では街路樹、公園、学校などに植えられており、地元の人たちにとってはなじみ深い木だ。ただし、小笠原諸島では外来種として増殖し駆除が行われている。

材としては収縮が激しく乾燥が難しい。それでも、赤味を生かして木工作品などが作られている。沖縄在住の木工家・屋宜政廣さんは、アカギ材でテーブルなどの家具を作り続けてきた。伐られてすぐのアカギの丸太を1年ほど水に浸けてから乾かすと、割れが入らないという。「その後は暴れにくいです。材は硬いけど、鉋で削りやすい。逆目も少ないし。東京で展示会を開くと、お客さんから赤の塗料を塗ったのかと言われますが、これはアカギそのものの色だと話すと大変驚かれます」と話している。

左ページ：高さ10〜25m、直径1〜1.5mくらいまで成長する高木。秋には丸い実（直径1cm前後）をブドウの房のようにたくさんつける。2〜5月頃、緑黄色の小さな花が咲く。1：樹皮は赤味を帯びている。若木の表面は滑らかだが、成長するにつれて浅い裂け目が出て剥がれやすい。この樹皮から赤茶色の染料がつくられ、沖縄の伝統的織物のミンサー織に使われる。2：葉は柄の先に3枚の小葉がついている（3出複葉）。小葉は卵形〜楕円形で長さは8〜15cm程度。縁はあまり鋭くないギザギザの鋸歯がある。葉先は尖っている。互生。若葉は日本最大の蛾であるヨナグニサンの幼虫の大好物。3：アカギ材のテーブル（作：屋宜政廣）。オイル仕上げ。

005

アカマツ
赤松

別名	メマツ（雌松）
学名	*Pinus densiflora*
科名	マツ科（マツ属）
	常緑針葉樹
分布	北海道（南部）〜九州
比重	0.42〜0.62

年輪はわりとはっきり見える。心材（赤味がかったクリーム色）と辺材（黄白色系）の区別はあまりはっきりしない。心材の水中での保存性が高く、建築物の土中に打つ抗として重宝されてきた。切削や鉋掛けの加工はやりやすい。針葉樹の中ではスギより硬く、クロマツよりやや柔らかい。

005
アカマツ

昔から日本人になじみの深い木。梁などの建築材に使われてきた

マツは日本人にとって、なじみのある木だ。昔から材としての実用的な面だけではなく、絵画に描かれ和歌や俳句にも詠まれるなど、文化の面でも身近な存在である。

マツ属の木は世界中に100種近くあるが、日本ではアカマツとクロマツが代表格だろう。木材流通に際しては、両者を区別せずに「マツ」の名で取り扱われていることが多い。しかし、植物学の上では違いが多々ある。樹皮の色では、その名の通り、アカマツは赤っぽい。葉は細くて柔らかみがあり触っても痛くない。クロマツの樹皮は黒っぽく、葉はやや太くて硬い。このような違いから、アカマツがメマツ（雌松）、クロマツがオマツ（雄松）の別名を持つ。どちらも痩せた場所で育つが、アカマツは内陸部、クロマツは海岸部に生える傾向にある。

材の面では、針葉樹としては強度があるので建築材（特に梁材）などに使われてきた。樹皮や樹脂は漢方薬にも用いられた。アカマツ林で松茸が採れるが、近年は手入れされない林が増え、松茸の収穫量が減っている。

左ページ：高さ25～35m、直径1～1.5mくらいまで成長する高木。幹が曲がっている木が多い。痩せた土地に生えるが、潮風や砂地を好まないことから海岸沿いにはあまり生えない。4～5月頃、黄色っぽい雄花と紅色系の雌花が開花。翌年の秋に、卵形円錐形の球果（松ぼっくり）が熟す。1：樹皮は赤味を帯びている。老木は写真のように亀甲状になる。2：古民家の梁に使われているアカマツ材。曲がったままの材を、そのまま梁として使うことが多い。3：アカマツの皮付き床柱。4：針状の葉が2本セットになって枝につく。葉の長さは7～12cmくらいで、触っても柔らかい感触。クロマツはもう少し長く、やや硬くて太めで先が尖っている。

17

006

アサダ
浅田

別名	ハネカワ、ミノカブリ
学名	*Ostrya japonica*
科名	カバノキ科（アサダ属）
	落葉広葉樹（散孔材）
分布	北海道（中南部）〜九州（霧島山以北）
比重	0.64〜0.87

目が緻密で材の表面は滑らか。仕上がりがきれいで光沢が出る。年輪ははっきり見えないが、心材（赤みの入った焦げ茶色）と辺材（桃色の入った灰褐色）の境界がはっきりしている。「マカバとの見極めが難しい。マカバはピンク系のイメージ。アサダはもう少し色が濃い」（木材業者）。ミズメにも質感が似ている。匂いは特に感じない。アサダの名はあまり知られていないことから、材がサクラの名で流通していたこともある。

006
アサダ

程よい硬さで艶のある良材。樹皮は下から剥がれかかって跳ね上がる

　アサダは材でも立ち木でもいくつかの特徴がある。材の硬さにおいては、カシ類やマカバほどではないが、ミズナラよりはやや硬めという程よい加減である。強靭で耐久性にも優れており、木肌が滑らかできれいに仕上がるので、フローリング材、道具の柄、家具などをはじめ様々な用途に用いられてきた。北海道では昔のスキー板やソリの板に重宝された。良材ではあるが、流通量はあまり多くない。木材の用途を記した文献には、アサダの代表的な用途に「靴の木型」が記されているが、現在では全く使われていない。中国では、鉄木と呼ばれることがある。

　成木の立ち木では、長方形状の樹皮が下方から剥がれかかって、跳ね上がっている様子をよく見かける。別名のハネカワと呼ばれる所以であろう。樹皮の形態から、落葉した冬場でもアサダと見極められることが多い。葉は縁が細かいギザギザのついた鋸歯でシデ類とやや似ているが、樹皮は明らかに異なる。シデの樹皮表面は滑らかなので、ほぼ間違いなく判別できる。

左ページ：高さ15〜20m、直径60〜80cmほどの高木。中には、高さ30m、直径1m以上に達する木もある。4〜5月頃、葉が開く同時期に開花。1：樹皮に特徴があり、葉が落ちてもアサダと特定する際の判断材料になる。表面の皮が縦に長方形状に長く裂けて、下方から剥がれてめくれ上がる。ぱっと見て、ぼさぼさした印象を受ける。2：葉はやや長めの楕円形で、先端は細くなって尖る。縁は細かいギザギザの鋸歯がある。長さ6〜12cm、幅3〜6cm程度。表面の葉脈が少し窪んで見える。単葉、互生。シデの葉とやや似ているが、シデの方が少し小ぶりで先端の細い部分が長い。3：アサダ材のスツール。座の直径34.5cm、座高40cm。4：程よい硬さや木肌の滑らかさなどの材質を生かし、高級フローリング材として重用される（北海道・上川合同庁舎）。

19

007

アズキナシ

小豆梨

別名	カタスギ、ハカリノメ
学名	*Aria alnifolia*（別名：*Sorbus alnifolia*）
科名	バラ科（アズキナシ属）
	落葉広葉樹（散孔材）
分布	北海道、本州、四国、九州
比重	0.51～0.81

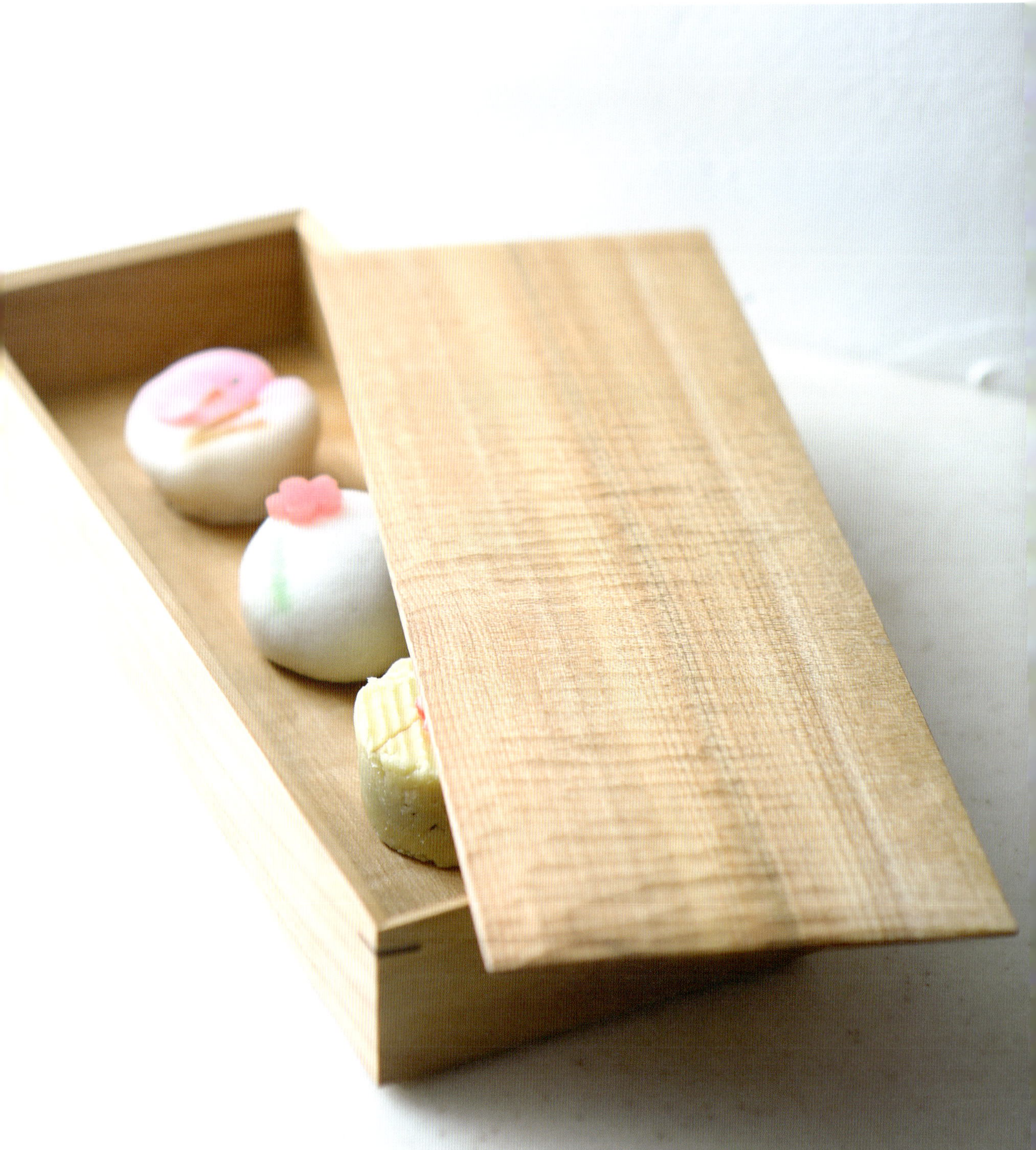

比重の数値からもわかるように、けっこう重硬な材。年輪は比較的はっきりしている。心材と辺材の区別がつきにくい。全体的に淡い紅色をしている。いい材だが一般的にはあまり知られておらず、材の流通は少ない。

007
アズキナシ

一般的には知られていない良材。名前の由来は赤い実の形から

秋に熟す赤い小さな実が小豆によく似ている。ナナカマド（*Sorbus commixta*）の実のような赤さが山の中で目立つが、形は球形のナナカマドの実とは異なり楕円形である。まさに小豆の形に近い。5～6月には、ナシの花に似た花が咲く。諸説あるが、これらのことからアズキナシの名がついたとされる。

別名のハカリノメは、小枝の上に点在する白い皮目を秤の目盛りに見立てたことから命名された。東北地方以北ではカタスギと呼ばれることが多い。

材はけっこう硬くて重い。木肌は緻密。割れにくいという材質も相まって、道具類の柄、家具材、建築材などに使われてきた。ただし、大きな材がとれないこともあり木材流通量は少ない。

「たまたま材木屋にあったアズキナシの材を買って使ってみたら、予想以上にいい材なので驚いた。よく研いだ刃物で切ると、木肌に艶が出る。削ると、きめ細かさがよくわかる。雰囲気の似ているヤマザクラよりもちょっと硬いくらいで、いいあんばいの硬さ」（木工作家）。このコメントからわかるように、知られざる良材なのかもしれない。

左ページ：アズキナシで作られた菓子箱（作：田澤祐介）。27×10×高さ4.5㎝。田澤さんは、刃物の通りがいいウメやサクラのようなバラ科の木の特徴を感じたという。1：高さ15m、直径30㎝ほどの木。中には、高さ20m、直径50㎝前後まで成長する木もある。主に山地に生えるが、北海道では平野部でも見かける。2：葉は卵形または楕円形で、先端は尖る。長さ5～10㎝、幅は3～7㎝程度。単葉、互生。縁は細かいギザギザがあり、さらに少し大きめのギザギザが入る（重鋸歯）。同属のウラジロノキは大きめのギザギザの切れ目が深く、葉の裏は白っぽい。3：5～6月頃、直径1～1.5㎝の白い花が咲く。4：成木の樹皮。濃い灰色系で、小さな菱形や短い縦線の模様が出る。表面はほぼ平らに見えるが、触るとざらざらした感触がある。老木は縦に浅い裂け目が入る。

008

イスノキ
柞、蚊母樹

別名	ヒョンノキ、ユシギ（沖縄）
学名	*Distylium racemosum*
科名	マンサク科（イスノキ属）
	常緑広葉樹（散孔材）
分布	本州（南部）、四国、九州、沖縄
比重	0.90〜1.00

木目が詰まっており、肌目は緻密。時間が経つにつれて、濃い焦げ茶色になっていく。非常に硬い木なので、切削でもロクロでも加工しづらい。かなり暴れる材で、乾燥後も割れることがある。仕上がり面には光沢が出やすい。匂いはほとんどしない。

008 イスノキ

国産材の中では最も重くて硬い材の一つ。葉には虫こぶが目立つ

椅子の材料に使われるからこの名前が付けられたと思われがちだが、由来は定かではない。葉や枝には、アブラムシやダニによって作られた虫こぶが見られることが多い。穴の開いた硬くなっている虫こぶに息を吹き込むと、ヒョウという音がすることからヒョンノキという別名がついたとされる。

日本に生えている木の中では、カシ類やリュウキュウコクタンなどと共に最も硬くて重い材の一つ。比重は1.0前後で、材は個体によっては水に沈むことがある。材の保存性は高いが（白蟻にも強い）、乾燥が難しくかなり暴れる。非常に硬いので加工しづらい。仕上がった材面は、緻密で光沢があり美しい。材色は焦げ茶色が少しぬけた感じで、時間が経つと焦げ茶色が濃くなる。

材の用途は硬さを生かしたものが多い。三味線や三線の棹、木刀（イスノキの中でもスヌケと呼ばれる材が高級品とされる）、そろばん珠、道具の柄など。シタン、コクタン、ツゲなどの模擬材としても使われてきた。樹皮や枝を焼いて得られる柞灰（いすばい）は、焼き物（特に有田焼）の釉薬として用いられる。

左ページ：そろばん珠。硬くて割れにくい性質なので使われてきた。写真の珠は、色を黒く塗って高級品の黒檀珠に似せたと思われる。（下）三線の棹。棹の最高級品はリュウキュウコクタンで、イスノキは少しランクが落ちる。1：高さ15〜20m、直径1mほどまで成長する高木。関東地方南部より南西の常緑樹林に生える。九州南部や沖縄の常緑樹林でよく見かける。防風林としても植えられた。3〜4月に開花。9〜11月に実が熟す。2：若木の樹皮は、ほぼ平滑。老木になるとウロコ状になる。3：葉は楕円形。先端が尖る葉と丸い葉がある。長さ3〜8cm、幅2〜3.5cm程度。単葉、互生。縁は滑らかでギザギザがない。葉の表裏ともに無毛。分厚い革質で、触ると硬く感じる。この写真ではわかりにくいが、葉や枝に虫こぶができるのが特徴。

009

イタヤカエデ
板屋楓、板屋槭

別名	トキワカエデ
学名	*Acer pictum*
科名	ムクロジ科〔カエデ科〕（カエデ属）
	落葉広葉樹（散孔材）
分布	北海道〜九州
比重	0.58〜0.77

目がきめ細かく、木肌が滑らかで緻密。美しく妖艶な雰囲気のする杢がよく現れる。年輪はわかりにくい。心材と辺材の区別がつきにくい。色は白に近いクリーム色。マカバほど硬くはないが、ヤマザクラよりも硬い。

009　イタヤカエデ

木肌の滑らかさ、杢の美しさ、硬さや粘り。有用材の条件がそろった木

　カエデの種類は数多いが、木材として流通しているカエデはほとんどがイタヤカエデだ。木肌は目がきめ細かく滑らかで緻密。きれいな材である。縮み杢や鳥眼杢（バーズアイ・フィギュア）などの美しい杢も出る。硬くて粘りのあることも相まって上品な良材としての評価が高く、昔から様々な用途に使われてきた。テーブルなどの家具、スキー板などの運動用具、ピアノで鍵盤を叩いて弦に力が伝わる重要な箇所の部材、フローリング（一時期、ボーリング場の床も）など多彩な有用樹種である。北米からハードメープルが輸入されているが、日本のハードメープルといっていいだろう。生木を削ると、メープルシロップのような甘い匂いが感じられる。

　数多くのカエデ類の中から樹種を特定する際、イタヤカエデは葉に特徴があるので見分けやすい。葉には大きな切れ目が4つか6つほど入っており、縁は滑らか。他のカエデ類の葉の縁は、ギザギザの鋸歯がついている。葉の表面には光沢があり、カエデ類の中で最も分厚い。秋には紅葉ではなく黄葉する。

左ページ：イタヤカエデ材の小テーブル（作：坂野原也）。天板の材にはきれいな杢が現れている。90×45×高さ42㎝。1：樹皮は白っぽい灰色系で、縦に筋状の裂け目が出る。老木になるにつれて、深い裂け目が入っていく。2：葉には、大きな切れ込みが4カ所か6カ所入っている。したがって、三角形の山が5つか7つある。山の先端は尖る。長さも幅も、5～10㎝程度。縁が滑らかで、鋸歯がないのが特徴。他のカエデ類には何らかの鋸歯がある。単葉、対生。3：昔のスキー板にはイタヤカエデ材が使われていた（北大山岳館所蔵）。4：高さ20m、直径1mくらいまで成長する高木。4～5月頃、葉が出る前に黄色い花が咲く。5：10月頃に熟す果実は、風によって飛んでいける羽根のついた形状をしている（翼果という）。

25

イチイ
一位

別名	オンコ、アララギ
学名	*Taxus cuspidata*
科名	イチイ科（イチイ属） 常緑針葉樹
分布	北海道〜九州（南九州を除く）
比重	0.45〜0.62

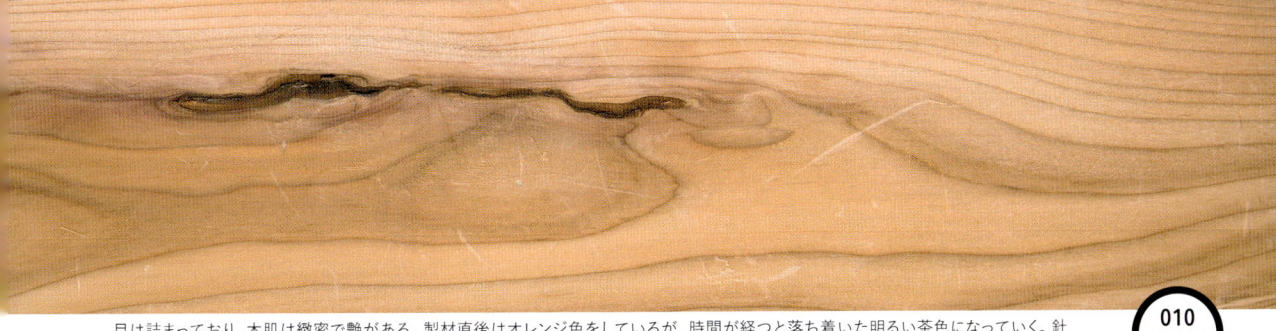

目は詰まっており、木肌は緻密で艶がある。製材直後はオレンジ色をしているが、時間が経つと落ち着いた明るい茶色になっていく。針葉樹としては比較的硬い（スギやヒノキより硬く、クロマツと同じ程度。イヌマキより柔らかい）。匂いはほとんど感じない。

010
イチイ

古の時代から使われてきた、色合いの美しい針葉樹材

オレンジ色から茶色に経年変化していく、材の落ち着いた色合いが美しい。成長が遅いこともあり、年輪は詰まり気味で均一。針葉樹の中では比較的硬く、乾燥は容易で暴れることはない。仕上がりがきれいで光沢も出る。このような特徴から針葉樹の良材として評価が高い。ただし、鉱条（かなすじ）（鉱物が混入し暗褐色に変色した部分）が現れることがあり、加工時に刃が当たると欠損するので注意が必要である。

昔からの用途で有名なのが、神官が使う笏（しゃく）。仁徳天皇（推定在位時期は4世紀頃）がイチイで笏を作らせ、この木に正一位を授けたのが木の名前になったといわれる。硯箱などの工芸品、木彫、床柱や床框などにも重用されてきた。英国ではウィンザーチェアの部材にも使われる。北海道ではオンコと呼ばれ、明治時代創刊の短歌雑誌『阿羅々木』によりアララギの名も広く知られている。

立ち木は高さ15mほどの大木もあるが、高さ10m以下で直径50cmまでの低木をよく見かける。種子は松ぼっくりタイプではなく、秋に赤くなる仮種皮で包まれており小粒。

左ページ：神官が使う笏（しゃく）。仁徳天皇がイチイで作らせたとされる。現在でもイチイがよく使われる。1：高さ10〜15m、直径70cm〜1mほどまで成長するが、低木が多い。雌雄異株で3〜5月に雄花と雌花が開花。秋に赤い実がなるが、これは種子を肉質の赤い仮種皮が包んでいる状態。肉質部分は甘みがあり食用できるが、種子には毒性がある。2：樹皮は赤味を帯びた褐色系。浅い縦の裂け目が入って長方形状に剥がれる。3：葉は針葉樹に多い極細タイプではなく、長さ1.5〜2.5cm、幅1.5〜3mm程度の線形。枝に葉がらせん状につく。葉先は尖るが、触っても痛くない。葉の形が似ているカヤは、先が鋭く尖っており触ると痛い。4：一位造飾箱（作：角間泰憲）。ふたの黒い縁は神代カツラ。下部の黒い部分は黒檀。その他はイチイ。26.8×15.8×高さ12.9cm。

011

イチョウ

銀杏、公孫樹

別名	ギンナン
学名	*Ginkgo biloba*
科名	イチョウ科（イチョウ属）
	落葉裸子植物（針葉樹の仲間）
分布	全国、中国原産
比重	0.55

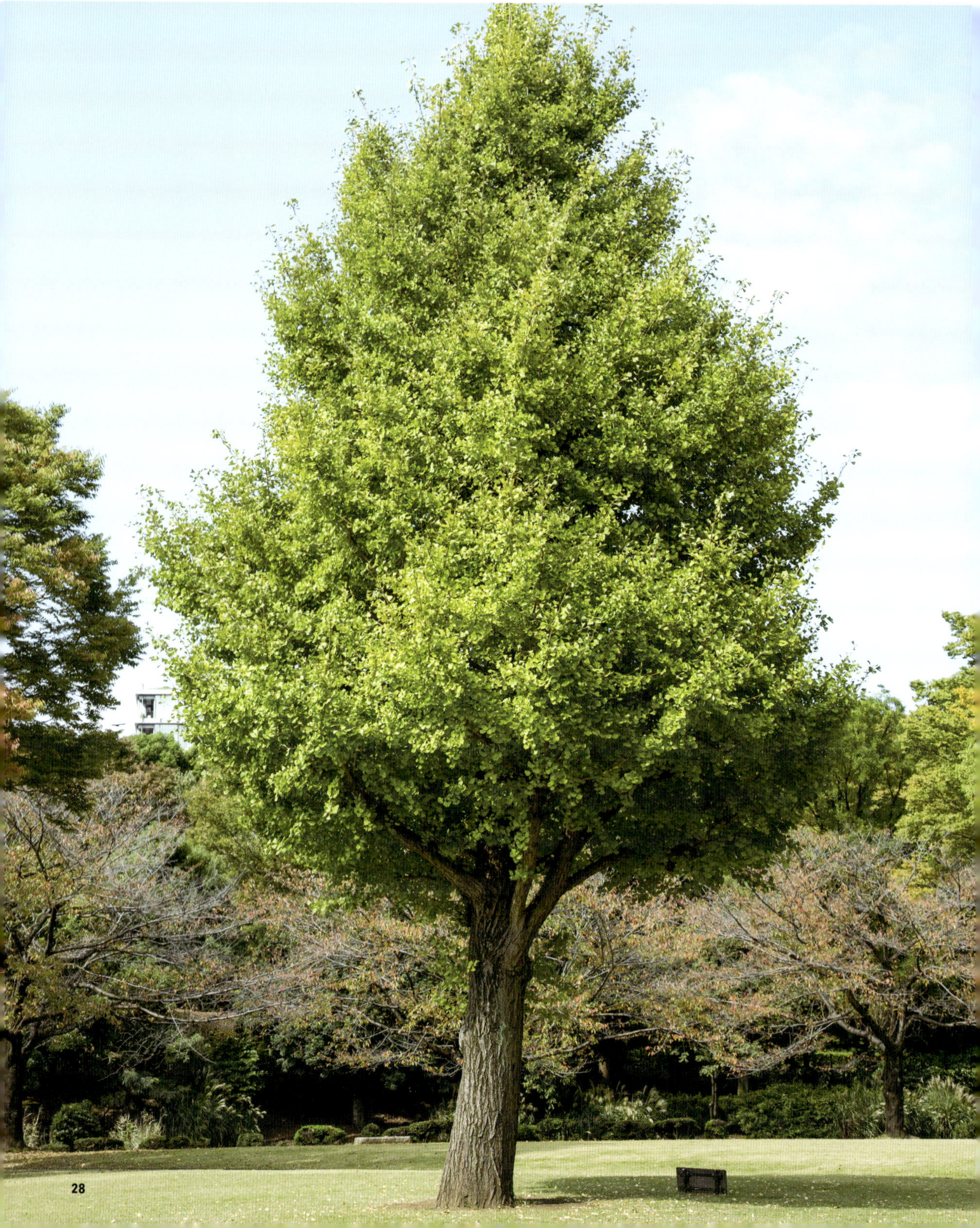

011
イチョウ

木肌が緻密で心材と辺材の区別がつきにくく、年輪もはっきり見えない。広葉樹の散孔材を思わせる。全体的に黄色に近いクリーム色をしている。鉋掛けや切削の加工はやりやすい。耐久性はあまりよくない。ギンナン臭の強い材と匂わない材がある。

ぱっと見は広葉樹だが、恐竜時代から生き残ってきた針葉樹の仲間

その姿かたちから、イチョウは広葉樹だと思われても仕方がない。実際はイチョウ属→イチョウ科→イチョウ綱と大分類に至っても一種だけしか残っていない生きた化石植物といわれ、裸子植物で針葉樹の仲間である。約1億5000年前の中生代ジュラ紀（巨大な恐竜が活動していた時代）から現在まで生き残ってきた。

イチョウで思い浮かべるイメージは、秋の黄葉やギンナンだろう。雄木と雌木とがあり、種子のギンナンができるのは雌木である。ギンナンから強い悪臭を感じるのは、種子を包む肉質の外種皮から放たれる臭いだ。扇形の葉には、裂け目が入っているタイプと入っていないタイプがある。抵抗力があり条件の悪い土地でも生育でき、強風にも強いので、街路樹として盛んに植えられる。

材はスギよりは硬いが柔らかめ。木肌が細やかで仕上がりがきれい、木目は目立たないなど、材も広葉樹に似た趣がある。太くなる木なので、大きめの板材がとれる。そのため、まな板やカヤの代用品として普及品の碁盤や将棋盤などに使われてきた。

左ページ：高さ15〜30m、直径2mほどに成長する高木。元々は日本で自生していなかった。4〜5月頃、開花するがあまり目立たない（特に雌花）。1：樹皮はランダムに縦方向に裂ける。コルク質を形成しているので、指で押すと弾力があるのを感じる。2：葉の基本形は扇の形。裂け目の入り方が個体によって異なる。裂け目のないタイプもある。おおむね、若木の葉は深く裂けている。長い枝には互生し、短い枝には束になってつく。葉柄が3〜6cmほどで長い。葉身の長さ4〜8cmで、幅5〜7cm程度。3：イチョウのまな板。ギンナン臭の強い材はまな板に向いていないので要注意。4：イチョウ材の帽子木型。「イチョウは、帽子の型を加工するのにちょうどいい硬さ。カツラもイチョウに近い硬さなので試してみたが、アクが出てくるので向いてなかった」（帽子木型職人）。

29

012

イヌエンジュ
犬槐

別名	エンジュ
学名	*Maackia amurensis var. buergeri*
科名	マメ科（イヌエンジュ属）
	落葉広葉樹（環孔材）
分布	北海道、本州（主に中部以北）
比重	0.54〜0.70

粘りがあり割れにくく耐久性のある材。心材は黄土色に近い茶色、辺材は黄色味を帯びた白色系で色の違いがはっきりしている。こういう色合いは国産材ではめずらしい。木材流通では、ほぼエンジュの名で呼ばれている。中国原産のエンジュの材はほとんど流通していない。

国産材ではめずらしい色味を持つ材。名前を混乱しやすいので要注意

イヌエンジュとエンジュはどちらもマメ科の植物だが、属が異なり植物学上の名前と木材名などが入り乱れて呼ばれている。非常に混乱しやすい。

イヌエンジュ属のイヌエンジュは、北海道から本州にかけての山地に生育している。木材でエンジュの名で流通しているものは、ほぼイヌエンジュといってよい。エンジュ属のエンジュ(*Styphnolobium japonicum*)は、中国原産で街路樹や公園樹として植栽されている。街の中心部などでもよく見かけるので、一般の人たちにとってはエンジュの方がなじみ深いかもしれない。ややこしいことに、イヌエンジュの立ち木もエンジュと呼ぶことが多い。この両者の違いは、専門家でなくても樹皮を見比べればある程度判断できる(＊樹皮の写真説明参照)。

材はわりと硬く、粘りがあって割れにくい。いい艶も出る良材である。色味や艶のよさがクワに似ている(クワの方が硬く、年輪幅が広い)。心材と辺材の色味の違いを生かした高級な床柱は人気があった。その他にも、指物、道具の柄(釿など)、木彫、木工芸品などに用いられてきた。

左ページ：釿(ちょうな)。比較的硬く粘りのある性質を生かして、昔から釿の柄にイヌエンジュが使われることが多かった。**1**：高さ10〜12m、直径20〜30cmほどの木。高さ15m、直径60cm前後まで成長する木もある。7〜8月、淡い黄色の花が房状になって咲く。**2**：エンジュの成木の樹皮。縦に深い裂け目が入る。**3**：イヌエンジュの成木の樹皮。比較的平らな面に、菱形模様が点々と散らばる。老木になると、菱形がつながって浅い裂け目がつく。**4**：葉は卵形の小葉(長さ4〜8cm程度)が、7〜15枚ほど互生する複葉タイプ(奇数羽状複葉という)。葉全体の長さは、20〜30cm。小葉の縁は滑らかで、葉先はほんの少し尖る。よく似ているニセアカシアの葉は、先が尖っておらずほんの少し窪んでいる。

イヌマキ

犬槇

別名	マキ、クサマキ、チャーギ（沖縄）、羅漢松（中国名）
学名	*Podocarpus macrophyllus*
科名	マキ科（マキ属） 常緑針葉樹
分布	本州（関東地方南部以西）、四国、九州、沖縄
比重	0.48〜0.65

詰まった目で、年輪がはっきりしている。心材と辺材の境界は不明瞭。全体的に白に近い肌色（その中に茶色っぽいピンクが含まれる）。生木を切った際には臭気を感じるが、乾燥後の材はほとんど匂いを感じない。らせん状に成長していくので、割れが斜めに入りやすく大きな材を取りにくい。

013
イヌマキ

らせん状に成長し、葉は極細楕円形。特徴の多いユニークな針葉樹

現在では、マキといえばイヌマキやコウヤマキのことを指す。しかし、古代ではスギをはじめ「優れた木の総称」として各種の木がマキ（真木）と呼ばれていたと考えられる。

イヌマキは温暖地域の海岸に近い山地で生育し、幹はややねじれ気味に成長していく。針状だがやや幅の広い葉、重くて硬い材という特徴があり、針葉樹の中ではユニークな存在である。別名のクサマキは、生木を切った際に臭気を発することから名付けられたという説がある。

材は、水や白蟻に強く耐久性と耐水性に優れている。その性質を生かして、柱や梁などの建築材、屋根板、風呂桶などに使われてきた。沖縄ではチャーギやキャーギなどの名で呼ばれ、昔から優良建築材や三線の胴の材として重宝されている。潮風にも強いので、沿岸地域では生け垣や防風樹として利用されることが多い。

変種のラカンマキ（羅漢槙 P. macrophyllus var. maki）は、高さ10mほどでイヌマキに比べて全体的に小ぶり。庭園樹としてよく植えられる。

左ページ：沖縄の古民家に使われているイヌマキの柱。このように屋外の建築部材としても重宝されてきた。1：樹皮は白っぽいグレー系の色合いをしている。縦に細く裂け目が入る。ねじれ気味に成長する木なので、個体によっては裂け目もねじれているものがある。2：葉はマツなどの細い針形ではなく、極細の楕円形。葉の長さ10〜18cm程度。最大幅1cm前後。縁は滑らかで、葉先はやや尖っているが触っても痛く感じない。枝に葉がらせん状につく。3：三線の胴。棹にはコクタンやイスノキなどが使われるが、胴はイヌマキでつくられる。4：高さ20m以上、直径50cm〜1m以上に成長する高木。同属のコウヤマキよりも樹高は低い。雌雄異株で、5〜6月に雄花と雌花が開花。

33

ウメ
梅

別名	ムメ
学名	*Prunus mume*
科名	バラ科（スモモ属）
	落葉広葉樹（散孔材）
分布	全国、中国原産
比重	0.81

年輪はわりとはっきりしている。木肌は緻密で、きれいに仕上がり光沢が出る。全体的にくすんだ濃い黄色味を帯びた桃色をしている。桃色の中に黒い筋状の差しが入っている。加工中に甘い匂いがする。

014
ウメ

日本人に愛される風情のある木。材は色味がよく硬くて粘りあり

　日本人に古くから親しまれている木の一つ。それを示す例が、万葉集に詠まれた歌の数である。サクラの40数首を上回り、100首を越えるそうだ。

　元々は日本には生育しておらず、奈良時代以前に渡来したといわれる。花を愛でる花梅や実を採る実梅などの改良品種は数百種にも及ぶ。このように、ウメは可憐な白や桃色の花と、果実を利用した梅干しや梅酒などの食用のイメージが強い。しかし、木材としても活用されている。

　果樹材の特徴である滑らかな木肌、濃い桃色系の色味、イメージ以上の硬さ（ツゲよりは柔らかいがイタヤカエデよりも硬いと感じられる）などから、茶道具の高級材、数珠、そろばん珠、根付などの工芸品に使われてきた。ただし、割れが多いこともあって板材を取りにくく、流通量は少ない。近縁種のアンズ（*P. armeniaca* var. *ansu*）の材と雰囲気は似ているが、アンズは全体的に赤味がかったオレンジ色系で様々な色が差し込んでいる。アンズの方が少し柔らかく、甘い匂いが強い。両者の材が混ざっていると、専門家でも選別は難しい。

左ページ：ウメで作られた茶せん筒（作：河村寿昌）。ウメは茶道具の材によく使われる。1：樹皮は暗色系。不ぞろいに縦に裂け、表面は粗い。老木になると、はっきりと裂け目ができる。2：ウメの多くは小高木だが、高さ6〜10m、直径60cmほどまで成長する木もある。真っすぐではなく、全体的なイメージとしてくねっとした感じで伸びていく。近年、プラムポックスウィルスの感染が問題になっている。2〜3月に葉が出る前に開花。6月頃に実が熟す。3：葉は卵形で、葉先は細長く突き出ている。縁には細かいギザギザの鋸歯がある。葉の長さ4〜8cm、幅3〜5cm程度。単葉、互生。同属のアンズはウメよりも幅広で、全体的に丸っこく、葉先は短く突き出る。4：ウメ材のそろばん珠。硬い、狂いが少ない、木目が美しいなどの理由でそろばん珠に使われる。

35

015

ウルシ
漆

学名	*Toxicodendron vernicifluum*（別名：*Rhus vernicifera*）
科名	ウルシ科（ウルシ属）
	落葉広葉樹（環孔材）
分布	全国、中国・インド原産
比重	0.45〜0.57

015 ウルシ

材の最大の特徴は、心材が黄色いこと。辺材は白色系。黄色味を生かして、寄木細工や象嵌の材料に用いられる。年輪幅は広く、目がはっきりしている。光沢も出る。広葉樹材としてはかなり柔らかく、針葉樹のアカマツと同程度の硬さ。匂いはあまり感じない。

かぶれや樹液を採る木として有名だが、黄色い材も魅力的

漆 塗りに使う樹液を掻き出す木は、中国・インド原産のウルシの木である。江戸時代には各藩が奨励したこともあって、全国各地で人里近い山野にウルシを植えて盛んに樹液を採取していた。日本の野生種であるヤマウルシ（T. trichocarpum）やツタウルシ（T. orientale）からは、販売用の樹液を採取しない（樹液に触れるとかぶれるのは、いずれのウルシでも同様）。

ウルシとヤマウルシとの違いは、木の高さや葉の大きさで見極められる。樹高10m程度のウルシに対して、ヤマウルシは3mくらいの木が多い。小葉はウルシの方が少し幅広く大きめである。

ウルシの材は、広葉樹としては軽くて柔らかい部類に入る。「柔らかいわりには、鉋仕上げがやりやすく扱いが楽です」（建具店）。ただし、ロクロなどの旋削加工では、年輪界の硬さとその他の部分の柔らかさのギャップを感じやすく加工しづらい。心材の色は鮮やかな黄色で、この色味を生かして寄木細工や木象嵌に使われる。国産材で黄色味が強いものには、他にニガキやハゼなどがある。

左ページ：数日おきにウルシ掻きをした跡。ウルシの樹液は、掻いた直後は乳白色をしているが、空気に触れると酸化して色が黒くなっていく。1：高さ10m、直径30～40cmほどに成長する小高木。人里近くの山野に生えている。5～6月頃、黄緑色の小さな花を多数つける。2：葉は3対から7対ほどの小葉がつく奇数羽状複葉（3対の葉では、3枚×2＋先端の1枚＝7枚の小葉がついていることになる）。小葉の先は少し尖っている。秋には黄葉する（ヤマウルシは紅葉）。3：樹皮は灰色系で、浅い縦の裂け目が入っている。4：勝手口ドアの鏡板に使われているウルシ材。色合いのよさと水にも強いことから、施主がウルシ材を選んだ（ギャラリー＆カフェ「そらいろの丘」、長野県小諸市）。ドア枠はイヌエンジュ材。

016 エゴノキ

別名	チシャノキ（ムラサキ科のチシャノキとは異なる）、ロクロギ
学名	*Styrax japonica*
科名	エゴノキ科（エゴノキ属）
	落葉広葉樹（散孔材）
分布	北海道（南部）、本州、四国、九州、沖縄
比重	0.60〜0.72

心材と辺材の区別はなく、全体的に黄色味を帯びた白色系。年輪はわかりにくい。木肌は緻密。適度な硬さで粘り強く、非常に割れにくい。「とても粘りがあるので、細く切ってもポキポキ折れない。表面から1cmくらいのところが強くて丈夫」（和傘店主）

016
エゴノキ

粘り強く割れることが少ない性質を生かして、特殊な用途に用いられる

高　さ10m足らずで、それほど目立つ木ではない。一般の人にあまり名を知られておらず、市場で取引されることも少ない。しかし、程よい硬さと強靭な粘りがあるので、昔から様々な用途に用いられてきた。その最たるものが、傘ロクロと呼ばれる和傘の重要部材である。

傘ロクロは竹の骨をつぐ軸の部材で、傘の頭と手元側に一つずつある。細かい切れ込みが入り、さらに糸を通す小さな穴があけられている。傘の開閉時には、かなりの力がロクロにかかるが、それに耐えうる木でないといけない。昔の職人が様々な木で試した結果、エゴノキに行きついたのだろう。現在、傘ロクロを作る職人は岐阜に一軒だけ残っている。直径5cmの真っすぐなエゴノキを、1年以上乾燥させて加工する。

他の用途では、丈夫で粘りがあるので独楽やけん玉などの玩具材に重用される。旋削加工に適しており、琉球漆器の挽き物木地にも使われている。

木の名前は、果皮を噛むと喉を刺激する物質が出て「えごい（えぐい）」ことが由来といわれる。

左ページ：傘ロクロ。傘の開閉に重要な役割を果たす部材。糸を通す細かい穴があいている。（下）和傘（作：マルト藤沢商店）を開いた状態。1：高さ5〜8m、直径15〜20cmほどの小高木。中には、高さ10m以上、直径30cm程度まで成長する木もある。根元から株立ちしている木が多い。5〜6月頃、白い花が垂れ下がった状態で咲く。2：若木の樹皮。濃い色で表面は比較的平ら。3：老木の樹皮。浅い裂け目ができる。4：葉は卵形〜楕円形で、葉先は長細くなって尖っている。長さ4〜8cm、幅2〜4cm程度。縁は細かいギザギザの入ったタイプと、ギザギザのないタイプがある。単葉、互生。

39

017

エゾマツ
蝦夷松

別名	クロエゾマツ
学名	*Picea jezoensis*
科名	マツ科（トウヒ属）
	常緑針葉樹
分布	北海道
比重	0.35〜0.52

全体的にやや黄色味を帯びた白色系の色合い。木目はほぼ真っすぐで、緻密な木肌をしている。針葉樹としては、それほど柔らかくもない。加工しやすく、仕上がりもきれい。曲げ加工にも対応できる。ほんの少しだけヤニの匂いがする。

017
エゾマツ

あらゆる用途に用いられてきた、北海道の木の代表格

「北海道の木」に認定されている、北海道を代表する木。ほぼ真っすぐな木目、木肌の緻密さ、加工のしやすさなどから、建築材やパルプ材から身近な木工品に至るまで様々な用途に用いられてきた。用途の中には、曲げ輪や丸太を薄くスライスしてつくる経木などもある。ただ最近では森林蓄積量が減っており、資源の枯渇傾向が危惧されている。その影響で良材の入手が難しい状況だ。要因としては、病虫害に対しての弱さ、成長の遅さなどにより植林に向いていないことが大きい（アカエゾマツは野ネズミにも強く、条件の悪い土地でも成長するので盛んに植林されている）。

山の中では、エゾマツがきれいに一列に並んで生えている光景をよく見かける。これは倒木更新によるものだ。土の上に落下したエゾマツの種子は発芽しても、土壌の中の病菌に感染し枯死することが多い。倒木の上に落ちた種子は発芽して、順調に成長していく確率が高い。そのため、人が規則正しく植えたかのように一列になって生えているのである。

左ページ：エゾマツを旋盤加工して作られた、オケクラフトの食器（北海道置戸町で製作）。（下）エゾマツの経木が使われている折詰弁当（経木は北海道津別町の加賀谷木材で製作）。**1**：高さ30〜40m、直径1m以上に成長する高木。北海道の山野でトドマツや広葉樹などと針広混交林を形成する。5〜6月に開花。9〜10月に円柱形の球果（松ぼっくり）が熟す。**2**：樹皮は褐色と灰色を帯びて、少し黒っぽい（アカエゾマツはもっと赤味が強い）。やや不規則に、うろこ状に裂ける。**3**：葉の長さは1〜2cm、幅は1.5〜2mm程度。幅は狭いが扁平した形をしている。葉先は尖っており、触ると痛い（トドマツは触っても痛くない）。小枝に、らせん状につく。

41

018

エノキ
榎

別名	エノミ、エノミノキ、ヨノミ、ヨノキ
学名	*Celtis sinensis*
科名	アサ科〔ニレ科〕(エノキ属)
	落葉広葉樹(環孔材)
分布	本州、四国、九州、沖縄
比重	0.62

木目がはっきりしている。心材と辺材の境目は不明瞭。全体的にやや灰色味がかったアイボリーの色合い。「伐ったばかりの丸太を製材すると、緑がかっている」(木材業者)。写真の材でもわかるように、シミのようなものが出るのが特徴。匂いは特に感じない。

018
エノキ

枝分かれの多い大木。大きな材はとれるが、ねじれやすいのが難点

山 野に生える大木で、枝分かれをよくするので立ち姿が大きく見える。昔は一里塚の目印に植えられ、太い枝の張り出しにより木陰が広くできるので、休憩場所の役割も果たしていたと思われる。

大木なので大きな板材はとれるが、材としての評価は低い。不評の大きな要因は、狂いやすくねじれを生じること。「他の材とくらべて、エノキはねじれたがる。しっかり2、3年は乾燥させないと使えない。加工している時は、わりと硬くて粘りのある感触だった。仕上げる際に、少しぬめっとした感じがする」(建具店)。まとまって一カ所に生えていることが少ないこともあって、木材はあまり流通していない。用途としては、薪炭材や建築の雑用材などに利用される。木目がケヤキに似ているので、ケヤキの模擬材として扱われることがある。長野県伊那地方では、牛に荷物を背負わせる荷台(牛鞍)の材として使われた。

日本の国蝶であるオオムラサキはエノキに卵を産み付け、幼虫はエノキの葉を食べて成長し、葉の裏でサナギになる。

左ページ：高さ15〜20m、直径50cmほどの高木。高さ25m、直径1m以上に成長する木もある。大木なので山地や林の中でよく見かける。4〜5月、葉が出るのと同時期に開花(あまり目立たない)。1：樹皮は灰色系で裂け目がなく、細かい点々が散らばる。老木になると、点々が大きくなり粗くざらざらした感じになる。2：階段板に使われたエノキ材(下から2段目の白っぽく見える板)。前板はアカマツ材。3：葉の長さ4〜10cm、幅3〜6cm程度。特徴は、葉の縁の先半分にギザギザがつき、下側の縁は滑らかなこと。先端は尖る。葉の基部から、葉脈が3本に分かれているのも見極めのポイント。単葉、互生。よく混同されるムクノキは、縁すべてにギザギザがあり葉幅が狭い。ケヤキの葉も幅が狭く、長さはエノキよりもやや短め。9〜10月頃、直径6〜8mmの球形の果実が熟す。

オニグルミ
鬼胡桃

別名	クルミ
学名	*Juglans mandshurica var. sachalinensis*
科名	クルミ科（クルミ属）
	落葉広葉樹（散孔材）
分布	北海道〜九州
比重	0.53

散孔材にしては、道管が大きく年輪はわりとはっきり見える。心材と辺材の区別はつきやすい。心材は色ムラが出やすいが、くすんだ褐色系をしている。加工するのに程よい硬さで、狂いも少ない。匂いは特に感じない。

019　オニグルミ

太い枝を張り出し、上に広がって成長。材は加工しやすく、各方面で活用

日本にはサワグルミやノグルミなどクルミと名の付いた木が、何種類か生育している。一般的にクルミといえば、オニグルミのことをいう。

材は広葉樹としては柔らかい部類に入るが、加工するのにはちょうどいい硬さである。暴れや割れが少なく粘りもあり、大きな板材もとれるので様々な用途に使われてきた。特定の用途で最も利用されたのは銃床である。明治時代から昭和初期にかけて軍需用に大量に消費された。弾の発射時の衝撃を吸収するのに、ちょうど程よい硬さと重さが向いていたと推察できる。最近では家具やクラフト作品の素材として人気がある。北海道産クルミ材が重用されてきたが、大量伐採も影響して、現在はかなり資源が枯渇している。

クルミの実は、太古の昔から脂肪分の高い手に入りやすい食料とされてきた。遺跡からの発掘も多く、縄文人が食べていたことが確認されている。沢筋でよく見かけるサワグルミは、果実は食用されず、大木だが材としての評価は低い。マッチの軸木やつまようじなどにしか使われてこなかった。

左ページ：オニグルミ材で製作されたキャビネット（作：泉健太郎）。65.5×36×高さ120cm。1：高さ7〜10m、直径60〜70cmほどの高木。高さ20m以上、直径1mに及ぶ木もある。太い枝を張り出しながら上に広がって育っていく。川沿いなどの湿った場所に自生する。5〜6月に開花。9月頃に果実が熟す。2：樹皮は灰色系。若木では表面はわりと平らだが、成木では縦にやや深い裂け目が入る。老木になるにつれて彫りが深くなっていく。3：葉は小葉が4対から10対ほどからなる大型の奇数羽状複葉（小葉は、9枚から21枚程度）。葉全体では、葉柄を含めると40〜80cmほどと大きい。小葉は長さ7〜10数cm、幅3〜8cm程度の幅広い楕円形（小判のような形）。先は尖る。サワグルミの小葉は少し細く、縁のギザギザが鋭い。

45

オノオレカンバ
斧折樺

別名	オノオレ、ミネバリ
学名	*Betula schmidtii*
科名	カバ科（カバノキ属）
	落葉広葉樹（散孔材）
分布	本州（中部地方以北。日本海側を除く）
比重	0.94

木肌はマカバと同じく緻密。心材と辺材の区別はわりとはっきりしている。心材は赤味を帯びたクリーム色。カバ類の中では最も重硬で、狂いは少ない。

020
オノオレカンバ

限られた地域にしか生えていない、斧を折ってしまうほど硬い木

材はとても硬く、比重は1に近い。比重数値を比較すると、カシ類やイスノキなどと共に国産材の中でも最も重硬な部類に入る。その硬さは木の名前にも表れている。「斧が折れるほど硬い樺の木」ということから、「斧折れカンバ」と名付けられた。

材の用途としては、硬さや狂いの少なさなどを生かしたものが作られてきた。例えば、馬そりのそり部材、道具の柄、櫛材（木曽の「お六櫛」など）。昭和20年代から30年代にかけては、オノオレカンバを使ったマリンバ（ミヤカワマリンバ製）が人気を博していた。最近まで大手楽器メーカーのマリンバでも使われていた。播州そろばんの珠にも用いられているが、硬さなどに加えて目を疲れさせない色目というのも採用理由の一つである。切れ味のいい刃で削れば、旋削加工にも向いている。「刃をよく研いでいても、他の木よりも摩耗するのが早くて切れ味の落ちるのが早い」（木工職人）。

生育地は東北〜中部地方の標高500〜1500m程度の山地（日本海側を除く）。狭い範囲にしか生育していないので、なかなか目にすることはない。

左ページ：樹皮は暗色系。若木の表面は比較的平らで、横向きの白っぽい短い線が入っている。成木や老木では、うろこ状または亀甲状の厚めの皮がうごめいている印象を受ける。1：高さ15m、直径60〜70cmくらいまで成長する高木。東北〜中部地方の太平洋岸から内陸部にかけての、岩の多い山地（標高500〜1500m程度）に生えている。5月頃、葉が出る時期に開花。2：葉は卵形で、葉先は尖っている。長さ4〜8cm、幅2〜4cm程度。縁には細かいギザギザの鋸歯がある。カバノキ属の中ではギザギザが最も細かい。単葉、互生。3：オノオレカンバ材の靴べら（作：プラム工芸）。

47

カキ、クロガキ
柿、黒柿

021

別名	カキノキ
学名	*Diospyros kaki*
科名	カキノキ科（カキノキ属） 落葉広葉樹（散孔材）
分布	本州、四国、九州、中国原産
比重	0.60～0.85

カキ（左）。心材と辺材の区別はつきにくい。全体的に灰色がかったアイボリー系の色合いに、黒っぽい点々が出ている。木肌は滑らかで、ほのかに甘い匂いがする。

クロガキ（右）。カキの材の中で、黒くなっている材や黒っぽい縞が入っているものをクロガキと呼ぶ。黒い部分の方が硬い。

021 カキ、クロガキ

材は硬めで滑らか。心材の黒いクロガキは昔から珍重されてきた

カキといえば、秋に橙色に熟す果実を思い浮かべる。奈良時代以前に中国から持ち込まれたとされ、その後、各地で植栽されていった。現在では、「富有柿」「次郎柿」など数多くの栽培品種が育てられている。形や大きさは品種によって異なる。

庭木にもよく植えられているので、街中でも見かける機会は多い（北海道を除く）。網目のようにひび割れたような樹皮、光沢のある大きな卵形で少し肉厚の葉、大きな果実などに特徴があり、比較的カキの木を特定しやすい。

材としては、わりと硬めで（ヤマザクラよりも少し硬く、マカバより柔らかい）、果樹材特有の滑らかさがある。特に、クロガキと呼ばれる材は珍重されている。心材の一部が黒くなっていたり、黒っぽい縞が入っていたりする部分の材をクロガキという（材の外見からは黒さを判断できない）。日本の材で黒色を出せる材が貴重だったので、昔から茶室の床柱、茶道具、工芸品、象嵌などに使われてきた。きれいなクロガキは、同じカキノキ科の高価なコクタンよりも重宝されることがある。

左ページ：黒柿造印箱「黙想」（作：荒木寛二）。10×10×高さ11.5 cm。1：樹皮は網目のような細かい裂け目が入る。老木になると、裂け目が剥がれていく。2：葉は大きな卵形で、葉先は尖っている。長さ7〜15 cm、幅4〜10 cm程度。表面に光沢があり、裏面には短い毛が生えている。やや厚みがある。単葉、互生。殺菌作用があることから、「柿の葉寿し」の材料になっている。3：クロガキの材が柄に使われている大入れ鑿（のみ）（竹中大工道具館所蔵）。4：高さ5〜10 m、直径50〜80 cmほどの果樹。高さ20 m前後に成長する高木もある。5〜6月に開花。10〜11月に果実を熟す。

49

022 ガジュマル
榕樹

別名	ガジマル
学名	*Ficus microcarpa*
科名	クワ科（イチジク属）
	常緑広葉樹（散孔材）
分布	屋久島、南西諸島（沖縄など）
比重	0.44〜0.76

心材と辺材の区別はつかない。全体的にクリーム色で、焦げ茶色の細かい筋や模様が出ている。材質は柔らかい。割れやすく虫が入りやすいので、管理が難しい材。匂いは特に感じない。

022　ガジュマル

キジムナーが棲むという、沖縄では親しまれてきたポピュラーな木

樹齢を重ねたガジュマルを間近で見ると、何とも複雑怪奇なインパクトのある姿をしている。幹や枝から気根が垂れ下がり、その気根が地面まで達して太くなると支柱根になる。それらがグチャグチャと絡み合って、どこが幹なのか根なのかわからなくなってしまっている。

沖縄には、子どもの姿で現れるいたずら好きの「キジムナー」という妖怪の伝承がある。キジムナーはガジュマルの老木に棲むといわれているが、本当に棲んでいそうな気配が漂う。生育地の人にとっては、子どもの頃から親しみを持って接している木だ。

近縁種のアコウ（F. superba var. japonica）と似ているが、葉を比較すれば見極めができる。アコウの葉は小判形で、葉身の長さは15〜20 cmと大きく、葉柄が3〜6 cmと長い。ガジュマルの葉は楕円形で、葉身の長さは最大10 cm程度。葉柄は1〜2 cmと短い。

材は柔らかく（針葉樹のアカマツ並み。広葉樹ではウルシと同程度）、加工しやすい。ただし、刃をよく研がないと、木口がぼろぼろになりやすい。琉球漆器の木地などに使われる。

左ページ：支柱根と幹や枝から垂れた気根が絡み合って、複雑怪奇な様相を呈している。1：ガジュマルの材を挽いて拭き漆仕上げした棗（なつめ）（沖縄工芸振興センター所蔵）。直径6 cm、高さ6 cm。2：樹皮は灰色系。表面はざらざらしているが、比較的平らである。3：葉は楕円形で、葉先は短く突き出している。先端部は尖ってはいない。長さ4〜10 cm、幅2〜5 cm程度。縁は滑らかでギザギザしていない。葉を触ると、常緑樹特有の厚みを感じる。単葉、互生。4：高さ10〜20 mに成長する高木。沖縄や奄美地方では街路樹や防風林として植えられ、公園や学校などでもごく普通に見かける。開花は外から確認できない。「花のう」という薄緑色をした小さな丸い実の中に花を咲かせる。

51

023

カツラ
桂

別名	コウノキ、ショウユノキ
学名	*Cercidiphyllum japonicum*
科名	カツラ科（カツラ属）
	落葉広葉樹（散孔材）
分布	北海道〜九州
比重	0.50

023
カツラ

年輪は比較的はっきりしている。広葉樹の中では柔らかい材で、加工しやすい。わりと真っすぐに成長する高木なので、大きな板材がとれる。個体によって色味が異なる。黄色がかったクリーム色もあれば、ヒガツラ（緋桂）と呼ばれる材の心材のように、赤味を帯びているものもある。アオガツラと呼ばれる材は、色が淡い傾向にある。板目は針葉樹のような木目をしている。

独特の香りやハート形の葉。古代から人々の心を惹き付けてきた木

カツラは日本の固有種で、古代から親しまれてきた木である。『古事記』や『万葉集』などにも登場する。親しまれてきた理由はいくつか考えられる。葉がかわいいハート形で目に留まりやすい、いい香りを放つ、秋の黄葉の美しさ……。

別名のコウノキは「香の木」の意で、ショウユノキは落ち葉の香りが醤油の匂いに似ているからだとされる。カツラの名の由来には諸説ある。「香出ら」「香出ずる」といった香り説、京都の葵祭などでカツラの枝を髪に挿したことから「髪連ら」「鬘」に関連するという説などだ。

立ち木は、株立ちにより大木に成長していく姿に存在感がある。比較的真っすぐに伸び、幹も太くなっていくので、木材としても大きないい材がとれる。材質は広葉樹としては柔らかく（クスやトチと同程度）加工しやすい。木質が均一で暴れることが少ない。このような特性から、使い勝手のいい材として重宝されてきた。普及品の碁盤や将棋盤、漆器の木地、仏像（東北地方に多い）など。特に鎌倉彫では、昔から主にカツラを素材としてきた。

左ページ：高さ15～20m、直径50～60cmほどの高木。中には高さ30m、直径2m前後に達する木もある。根元に近いあたりから、何本も株立ちすることが多い。3～5月、葉が出る前に開花する。赤い花は遠目にも目立つ。**1**：鎌倉彫の丸盆。材が均質で暴れが少なく彫りやすいなどの理由から、鎌倉彫の素材は主にカツラが使われている。**2**：若木の樹皮の表面は比較的滑らか。成木になると縦に細長く裂け目が入り、剥がれることもある。**3**：ハート形のかわいい葉は、林の中でも見つけやすい。長さも幅も3～8cmくらいで、縁は波形をしている。基部はやや窪んでいる。秋には黄葉し、甘い紅茶のようないい香りが漂う。単葉、対生。

53

024

カバ類

樺

別名	カンバ、カバノキ　ウダイカンバの別名：マカバ（真樺）
学名	*Betula maximowicziana*（ウダイカンバ　鵜松明樺） *B. ermanii*（ダケカンバ　岳樺）
科名	カバノキ科（カバノキ属） 落葉広葉樹（散孔材）
分布	北海道、本州（中部地方以北）
比重	ウダイカンバ0.50～0.78　ダケカンバ0.65

＊オノオレカンバはP46、シラカンバはP106、ミズメはP182を参照

マカバ（ウダイカンバ）の材。国産広葉樹材の中で最高級の良材の一つとされる。目が緻密で均一。木肌に艶がある。心材はカバ類の中では赤味が強く、薄めのあずき色をしている。辺材は白っぽい。硬くて粘りがあり、素直な材として活用されている。匂いをあまり感じない。用途は、高級家具材、木目を生かした化粧単板など。

024
カバ類

良質で有用な材が多い。樹皮の白っぽさは森の中でも目立つ

カバノキ属の木は日本には10数種が生育している。通常、植物名ではカンバと呼ばれ、木材になるとカバと呼ばれることが多い。主要な木は、ウダイカンバ、ダケカンバ、シラカンバ、ミズメなど。

その中でも、最も大きく成長し、材としての評価が高いのがウダイカンバ（マカバ）だ。かつては、高さ30m、直径1m以上の大木が、北海道の山地などに生育していた（最近はめっきり減っている）。材は、硬さ、緻密さ、加工性のよさ、仕上がりの美しさなどから優良材の誉れが高い。木材販売では辺材部分が多いものをメジロカバと呼び、マカバとは区別して取り引きされる。

ダケカンバは標高の高い場所に生える。ウダイカンバほど大木にはならず、葉もやや小ぶりだ。気象条件の厳しい山地では、曲がりくねった木も見かける。シラカンバとは一見似ているが、樹皮などで見極めがつく。材質はマカバとほぼ同じで、硬くて肌目は均質。マカバとの判別が難しい。ただし、腐れなどが多少入る、乾燥時に狂いが生じやすいなどの傾向がある。この材を木材業界ではザツカバ*と呼ぶ。

*マカバ、ミズメなどを除いたカバ類の木を総称して「ザツカバ」と呼ぶことが多い。ザツカバ材の多くはダケカンバと思われる。

左ページ：ウダイカンバ。高さ20〜30m、直径50〜80cmくらいの高木。高さ35m、直径1m以上に成長する木もある。5〜6月、葉が出る時期に開花。1：マカバで制作した拭き漆仕上げのサイドテーブル（作：谷進一郎）。2：ウダイカンバ（成木）の樹皮。短い横線が何本も引っ掛かれたような模様が出ている。老木になると、横方向に紙状に皮が剥がれていく。3：ダケカンバの成木の樹皮。肌色系で薄い紙のように剥がれていく。それが、別名のソウシカンバ（草紙樺）の由来とされる。シラカンバと似ているが、シラカンバの樹皮はもっと白っぽく、「へ」の字形に黒ずんでいる箇所（枝痕）が目立つ。4：ウダイカンバの葉はスペード形（またはハート形）で、葉先は尖っている。長さ8〜15cm、幅6〜10cm程度。日本のカバ類の中では最も大きい。単葉、互生。縁は不ぞろいのギザギザした鋸歯がある。5：マカバのバターケースとバターナイフ（作：スタジオKUKU）。

025

カマツカ
鎌柄

別名	ウシコロシ
学名	*Pourthiaea villosa* var. *laevis*
科名	バラ科（カマツカ属）
	落葉広葉樹（散孔材）
分布	北海道（南部）、本州、四国、九州
比重	0.85

木肌は緻密。心材と辺材の区別がほとんどなく、全体的に赤味を帯びたクリーム色。ピスフレック（pith fleck）と呼ばれる黒っぽい斑点や縞が出やすい。粘りがあって、かなり硬い。

025
カマツカ

林の中では目立たない存在だが、材としては丈夫で強靭さを発揮

鎌の柄に使われることからカマツカの名がついた。ウシコロシ（牛殺し）という物騒な名前は、牛の鼻輪をこの木で作ったことから名付けられたとされる。牛追い棒に使ったからという説もある。

立ち木は樹高5m程度の低木。林の中ではあまり目立たない存在だ。直径は20〜30㎝ほどで、大きな材はとれない。しかし、材の比重が0.8台という高い数字に表れているとおり、重硬で強靭である。細くても、丈夫で粘着力があり折れにくい。加工はしづらいが、特性を生かして工具や農具の柄に用いられてきた。特に、玄能や金槌などの柄には重用された。カマツカは全国各地で様々な呼び方をされている。ノミヅカ、ウシタタキ、ウシノハナギなど、用途そのままの名がついている。それだけ、生活の中で身近に使われていた木なのだろう。

見た目が地味な木なので、林の中での見極めが難しい。ポイントを挙げると、樹皮は灰色系で裂け目がない。卵形の葉は葉先に近い方が幅広で、縁は細かいギザギザがある、表面は無毛など。春から初夏にかけて、小さな白い花が咲く。

左ページ：柄の材にカマツカが使われている掛矢（竹中大工道具館所蔵）。1：高さ2〜5m、直径20〜30㎝ほどの低木。北海道南部から九州まで、山地の林にごく普通に生えている。4〜5月頃、小さな白い花が5〜15個程度のひとかたまりになって咲く。2：樹皮は灰色系。縦に細かい筋が入っている。老木になるにつれて、横しわがついていく。3：葉は卵形で、先は短く突き出て尖っている。葉の先に近い方が、幅広になっている場合が多い。葉の長さ3〜9㎝、幅2〜4㎝程度。縁は細かく鋭いギザギザの鋸歯がある。長い枝では互生。短い枝には数枚の葉が束になってつく。4：金槌の柄にはカマツカがよく使われている（竹中大工道具館所蔵）。

026 カヤ
榧

別名	ホンガヤ
学名	*Torreya nucifera*
科名	イチイ科（カヤ属） 常緑針葉樹
分布	本州（宮城県以南）、四国、九州（屋久島まで）
比重	0.53

026
カヤ

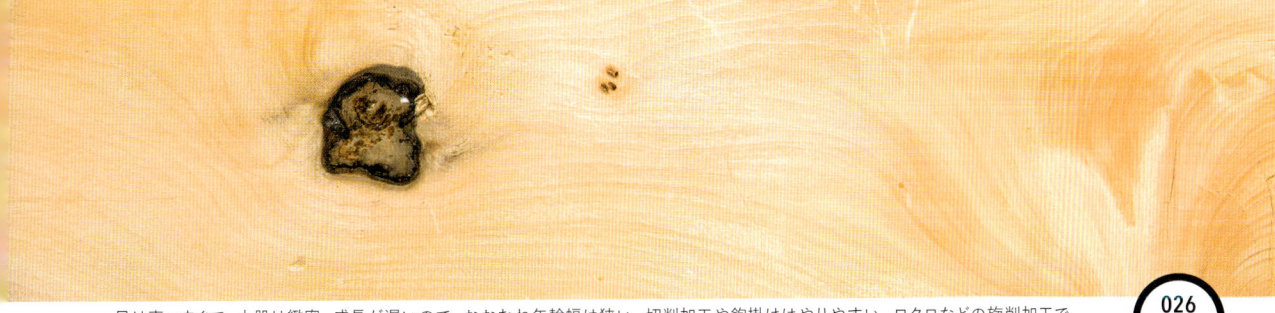

目は真っすぐで、木肌は緻密。成長が遅いので、おおむね年輪幅は狭い。切削加工や鉋掛けはやりやすい。ロクロなどの旋削加工では、よく研いだ刃を使わないと木口がきれいに仕上がらない。水や白蟻に強く、弾力性がある。黄色の色合いも目立つ。独特の甘い匂いがするが、カラメルの匂い、シナモンの匂いなど人によって感じ方は様々。

程よい弾力性など、材の特徴が生かされてきた真っすぐ伸びる大木

ゆっくりと真っすぐに成長していく大木なので、大きな材が産出されてきた。目がほぼ真っすぐ、針葉樹としてはまずまず硬い、水や白蟻に強い、耐久性が高い、弾力性がある、切削加工がしやすいなど良材の条件を有している。特に、南九州の日向地方から産出される日向榧は、最高級の碁盤や将棋盤の材として名高い。数百万円から一千万円もする碁盤が販売されている。程よい弾力性や真っすぐな細かい木目が碁盤に適しているとされるが、日向榧の色味のよさが、重用されてきた理由の一つに挙げられる。「碁石で叩いてもゴムみたいな弾力性がある。指が痛くならない。油分があるので目持ちがいい（引いた黒線が消えにくい）」（碁盤職人）。

昔から使われてきた用途としては仏像がある。特に、平安時代から鎌倉時代に関東地方で彫られた仏像ではヒノキ材と共にかなり使われていた。

カヤに似ているイヌガヤ（イヌガヤ科イヌガヤ属 *Cephalotaxus harringtonia*）の木は、科の異なる別種。樹高や葉を触った感触で区別できる（イヌガヤの樹高は低い。カヤの葉を手で触ると痛い）。

左ページ：高さ20m、直径50〜90cmほどの高木。中には、高さ25m以上、直径2m前後まで成長する木がある。ほぼ真っすぐに伸びていく。雌雄異株で、4〜5月頃に雄花と雌花が咲く。1：日向榧の材で作られた碁盤。盤は正方形に見えるが、写真の縦方向の辺の方が1寸（約3cm）長い。縦辺1尺5寸（約45cm）、横辺1尺4寸（約42cm）。2：樹皮は縦に浅く裂け、老木になると短冊状に薄く剥がれていく。3：葉は線形で扁平している。長さ2〜3cm、幅2〜3mm程度。緑色の柄に羽状に並んでいる。葉先が尖っており、触ると痛い。見た目が似ているイヌガヤやイチイの葉は、先は尖っているが柔らかめで触っても痛くない。種子は緑色の仮種皮に包まれる。開花した翌年の秋に熟し、仮種皮が裂けて種子が現れる。

027

カラマツ
唐松、落葉松

別名	ラクヨウショウ、フジマツ
学名	*Larix kaempferi*
科名	マツ科（カラマツ属）
	落葉針葉樹
分布	北海道（造林）、本州北部から中部（東北地方は造林）
比重	0.45〜0.60

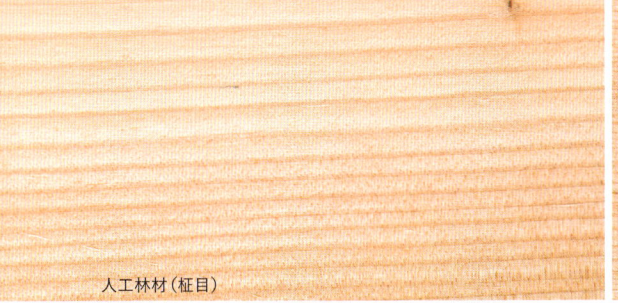

人工林材（柾目）　　　　　　　　　　　　天然林材（柾目）

年輪がはっきりしており、心材は赤味が強く辺材は白っぽい。針葉樹の中では硬い部類に入る（針葉樹ではイヌマキと同程度）。人工林材ではヤニや節が多い、ねじれやすく暴れるなどのイメージが強かったが、人工乾燥の技術が進んできたので、集成材などの需要が増えている。乾燥させて脱脂した材はほとんど匂いを感じない（生木ではヤニの匂いがする）。木目の細かさが際立つ天然林材（天カラ）は、現在、入手することが難しい。

027
カラマツ

黄葉が美しく、落葉する針葉樹。材は暴れやすいが、乾燥技術の進歩で克服

カラマツは日本に生えている針葉樹の中で、落葉するただ一つの木だ。秋には、日に当たるとキラキラまぶしいくらいに黄葉する。その後、葉はパラパラと散ってしまう。その現象から、ラクヨウショウ（落葉松）とも呼ばれる。

元々は、東北地方南部から中部地方にかけての日当たりのいい山地に生えていた（日光周辺、富士山麓、中部山岳地帯など）。寒さに強く、乾燥地でも育つ、成長が早いなどの理由から北海道や東北地方で明治時代以降、盛んに造林されていった。

材としては、天然林材と人工林材とではかなりの質の差がある。樹齢を重ねた天然林材は、目が細かく硬さもあり良材として建築材に重用された。人工林材は針葉樹の中では重硬だが、ねじれて暴れやすくヤニが出やすい。そのため、戦後は炭鉱の坑木、その後は梱包材の需要が多かった。だが、近年では乾燥技術が進み、集成材や合板などの用途に広がっている。現在、1950年代に植えた木の伐期を迎えて盛んに伐採が行われ、材に加工されている。植林が追い付かず、将来のカラマツ材の供給が危惧される状況だ。

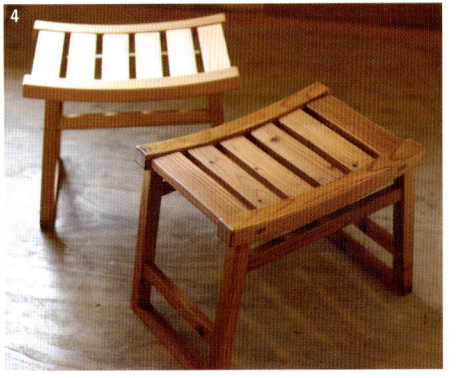

左ページ：秋に黄葉したカラマツ。高さ15～30m、直径50cm～1mの落葉する針葉樹。雌雄同株で、4～5月に雄花と雌花が開花。1：カラマツ材が使われている壁板やフローリング。2：樹皮は網目状またはうろこ状に縦に裂ける。やや赤っぽくなる場合があり、アカマツの樹皮と似たように見える木もある。3：葉は線形で長さ2～3cm、幅1～1.5mm程度。全体的に柔らかく、葉先は尖っていないので触っても痛くない。葉は長い枝にらせん状に1枚ずつつき、短い枝には束になってつく（束生）。明るい緑色をしているが、秋には黄葉する。4：カラマツ材で製作されたスツール（作：石井学）。最近では、家具材として利用されることが増えている。

61

028

キハダ
黄檗、黄膚

別名	シコロ、キワダ、オウバク
学名	*Phellodendron amurense*
科名	ミカン科(キハダ属)
	落葉広葉樹(環孔材)
分布	北海道〜九州
比重	0.48

| 板目 | 柾目 |

028 キハダ

環孔材なので、道管が目立ち年輪がはっきりしている。心材と辺材の区別がはっきりつく。心材はグレーに近い黄土色、辺材は薄い黄色。ただし、色や硬さに個体差がある。ケヤキやクワと雰囲気が似ており、これらの模擬材としても使われてきた。広葉樹としては柔らかく加工しやすい。加工中に、少し甘い匂いを感じる。

黄色い内皮は、かじると苦い。柔らかめな材は、目が素直で扱いやすい

キハダは、その名の通りに膚が黄色い。といっても、外見からはわからない。外側のごつごつした分厚いコルク質の皮を剥がしてみると、鮮やかな黄色い内皮が現れる。この鮮やかな黄色味は、昔から衣類の染料としても重用された。内皮をかじってみると苦味を感じる。この部分にはベルベリンなどの薬効成分が含まれており、昔から胃腸薬などの原料とされてきた。特に有名なのが奈良県吉野地方の名産「陀羅尼助」だ。

材は広葉樹としては軽くて柔らかい部類に入る(ホオやクスと同程度だが、個体差がある)。加工性のよさや湿気に強いこともあって、材としても活躍している。家具や江戸指物などによく用いられてきた。ただし、最高級品という位置付けではなく、同じ環孔材で木肌の雰囲気が似ているケヤキやクワの模擬材(代用材)としての扱いが多かった。

キハダに似ているニガキも、葉や樹皮は苦味がある。幹はキハダと同じように真っすぐに伸びるが、全体的に小ぶり。葉はやや細身。樹皮はコルク質ではなく、外皮を剥いでも黄色くない(材は黄色い)。

左ページ：高さ15〜20m、直径50〜60cmほどの高木。高さ25m、直径1m以上に成長する木もある。雌雄異株で、6〜7月に雄花と雌花が開花。1：キハダ材で作られた文机(作：木村正)。江戸指物にキハダはよく使われる。「それほど硬くはなく、目が素直で扱いやすい。杢は現れない」(江戸指物師)。2：樹皮は縦や網目状に深めの裂け目ができる。成長にともなってコルク層が発達していくので、指で押すと少しへこんで弾力を感じる。3：葉は2対から6対ほどの小葉がほぼ対生して、柄につく(奇数羽状複葉)。小葉は楕円形で、葉先が尖る。小葉の長さ5〜12cm、幅3〜5cm程度。縁はよく見ないとわからないが、非常に細かいギザギザの鋸歯がついている。小葉をもんだりちぎったりすると、独特の香りがする。4：外側の樹皮をはがすと、黄色い内皮が現れる。

029

キリ
桐

別名	ハナギリ
学名	*Paulownia tomentosa*
科名	キリ〔ゴマノハグサ〕科（キリ属） 落葉広葉樹（環孔材）
分布	北海道（南部）、本州、九州、 中国原産（鬱陵島という説もある）
比重	0.19〜0.40

道管が大きく年輪がはっきり見える。心材と辺材の区別はつきにくい。全体的に灰色がかったアイボリーの色合い。匂いは特に感じない。
国産材では最も軽くて柔らかい。柔らかい故に、意外と加工が難しい。耐湿性に優れ、割れが少ない。

029
キリ

軽い、柔らかい、優れた吸湿性などの特性が生かされる多彩な有用材

材はいくつもの特性があることから、昔から様々な用途で活躍してきた。まずは、軽さと柔らかさ。国産材の中ではデイゴと共に最軽量で、世界的に見ても軽い樹種。湿気を吸収することが少ないという耐湿性のよさも際立つ。乾燥による収縮が少なく、材が暴れない。木目が美しく艶もある。磨滅しにくい、熱伝導率が小さいなどの性質も持ち合わせている。広く知られる用途としては、箪笥や長持などの和家具（他の材で作られた箪笥でも、引き出しだけはキリの場合が多い）、琴や琵琶などの楽器、小箱、金庫の内張り、下駄、伎楽面、羽子板などがある。いずれも、キリの特性がフルに生かされている。

元々は中国原産とされる。各地に植栽され、南部桐（岩手県）や会津桐（福島県）などが有名だ。成長が早いことも盛んに植栽された理由の一つだろう。

別属だが見た目がキリによく似たアオギリ（アオギリ科アオギリ属）とは、葉や樹皮を観察すれば見分けがつく。アオギリの葉は互生で幅30㎝前後と大きく、深い亀裂が3～5つ入っている。樹皮は緑色で滑らか。キリの葉は亀裂がなく、樹皮は灰色系。

左ページ：樹皮はやや白っぽい灰色系。表面にぼつぼつした跡が出る。（下）拭き漆仕上げの桐箱（作：木村正）。耐湿性に優れ、大切なものを収納する小箱に用いられてきた。**1**：通常は、高さ8～10ｍ、直径30～40㎝ほどの高木。高さ15～20ｍ、直径50㎝前後に成長する木もある。5～6月頃、淡い紫色の花をつける。**2**：秋に卵形の実がなる。長さ2～3㎝。先は尖っている。熟すと二つに割れて、多数の種子が出てくる。**3**：葉の形は、ほぼ五角形タイプ（写真）や丸みを帯びたスペード形（不分裂葉という）などがある。葉の長さは15～30㎝で、縁は滑らか。幼木の葉には細かいギザギザが入る場合がある。単葉、対生。**4**：製作途中のキリの小箪笥。**5**：琴の胴の部分にはキリ材が用いられる。

030

クスノキ
楠、樟

別名	クス（*木材名ではクスと呼ぶことが多い）
学名	*Cinnamomum camphora*
科名	クスノキ科（ニッケイ属、クスノキ属）
	常緑広葉樹（散孔材）
分布	本州（関東地方以南）、四国、九州
比重	0.52

030 クスノキ

製材されてかなりの時間が経っても、樟脳の香りがするのが大きな特徴。広葉樹の中では比較的柔らかい（トチと同程度）。逆目が多く、杢が出ることもあり、意外と加工しにくいことがある。色は複雑で、白っぽい地に赤色系、緑色系などの色合いが混ざっている。「クスは目が入り込んでいるところが多いから、反ったりねじれたりする動きが大きい。脂気が多いのでしっとりしていて削った面はすべすべする」（指物師）

樹齢数百年以上の巨木が各地に現存。樟脳の強い匂いが印象的

大木というよりも巨木と表現した方がふさわしいクスノキが、関東地方以南の照葉樹林帯の所々に生えている。樹齢は数百年から千年以上と推定され、直径3〜5mに達する木も現存する。熱海の来宮神社のように、境内のクスノキが、御神木として崇められていることが多い。特徴として、ほとんどの木にシダ植物のノキシノブが着生している。

クスノキといえば、すぐ思い浮かぶのが樟脳の強い匂い。材などを水蒸気蒸留して樟脳油として取り出し、防虫剤や香料の原料とされてきた。セルロイドの原料にもされていたので、明治時代から各地で盛んに有用樹木として植えられた。

木材としても、大木なので大きな材がとれる、精油分を含んでいるので耐久性に優れて虫にも強いなどの特質が生かされ、様々な用途に用いられてきた。社寺建築の構造材、和風建築の内装材（特に富山県井波の欄間が有名）、箱、木魚、仏像などの木彫、家具など多岐にわたる。木魚は、まろやかな音が出るというので重用されている。箱は、虫がつきにくいので文書の保存などに向いている。

左ページ：高さ15〜25m、直径70cm〜1mほどの高木。樹齢を重ねた木の中には、高さ40m、直径5mもの巨木が存在する。5〜6月、小さな淡い黄緑色の花がつく。1：クス材で彫られた「薬師如来坐像」（奈良・法輪寺所蔵、撮影：飛鳥園）。飛鳥時代に彫られた仏像の多くはクス材が用いられている。2：樹皮は明るい褐色系。縦に細かく短冊状に裂けている。3：葉は卵形〜楕円形。葉先は細長く伸びて尖る。長さ6〜12cm、幅3〜6cm程度。単葉、互生。縁は滑らかで、全体的に波打っている。表面は濃い緑色で光沢がある。基部に近い付近から葉脈が3本に分かれている（三行脈という）。その分岐点に小さな膨らみができていることが多い。ここにダニが棲んでいるので「ダニ部屋」という。同属のヤブニッケイの葉は細身で三行脈になっているが、ダニ部屋はない。4：楠拭漆卓（作：荒木寛二）。

グミ類
茱萸

学名	*Elaeagnus pungens* （ナワシログミ）
	E. umbellata （アキグミ）
科名	グミ科（グミ属）　*いずれも散孔材
	ナワシログミ、ツルグミ：常緑広葉樹
	アキグミ、ナツグミ：落葉広葉樹
分布	ナワシログミ：本州（中南部）、四国、九州
	アキグミ：北海道（南部）、本州、四国、九州
比重	0.75*

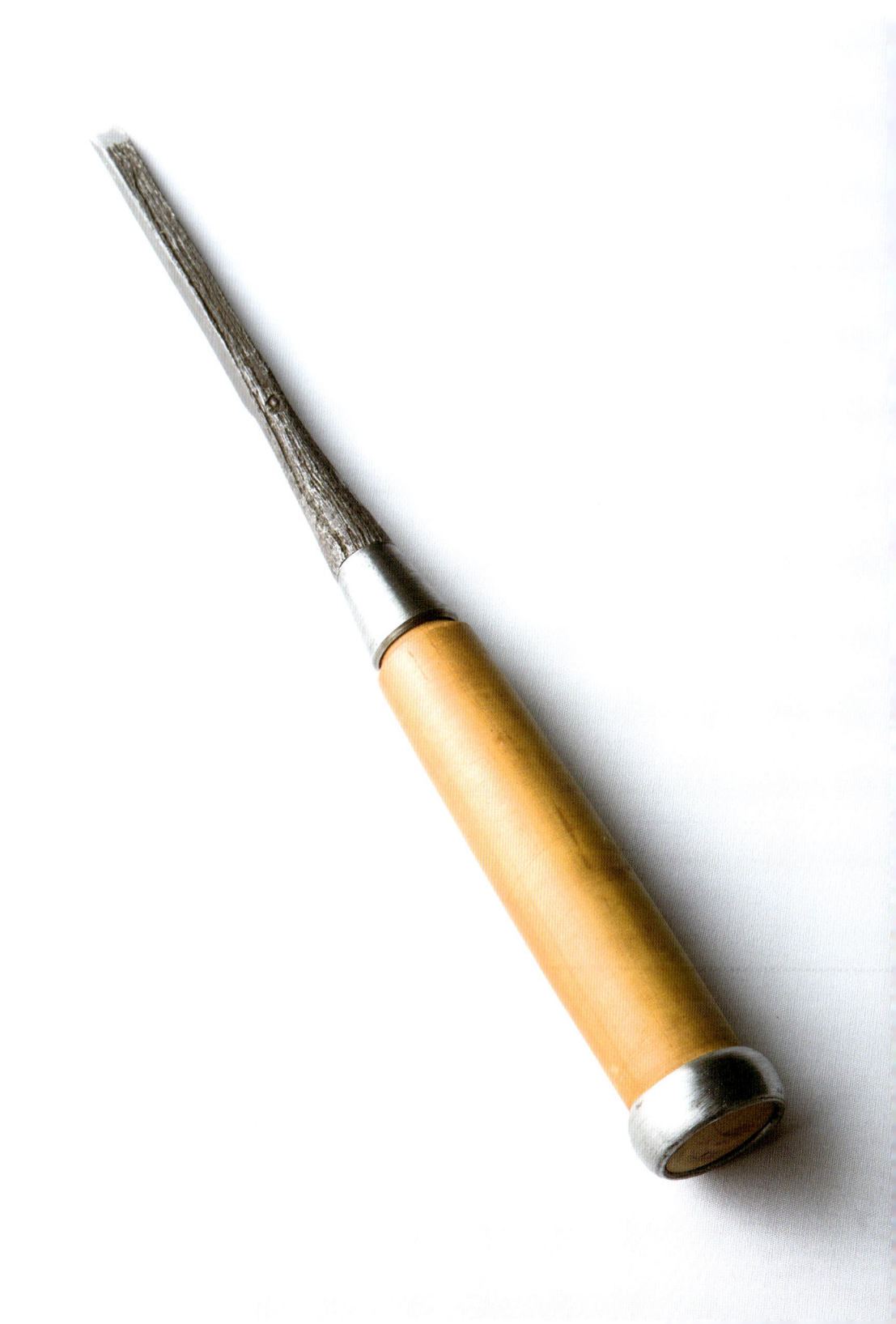

アキグミを製材したもの。目が細かく、木肌は緻密。淡い黄色味を帯びたクリーム色系の色合い。粘り強く手触りがいいので、鑿や玄能などの道具類の柄に用いられてきた。大きな材はとれない。

031
グミ類

鑿などの道具の柄に使われてきた、粘り強くて手触りのいい材

グミ科グミ属の木は、アジア、ヨーロッパなどに数十種が生育している。日本でも何種類か生えているが、実のなる時期や葉の生態などに違いがある。ナワシログミやツルグミなどは、おおむね本州中部以西の暖かい地域に分布する常緑性の木。アキグミやナツグミは、北海道南部以南に分布する落葉性である。アキグミは名前のとおり、秋（9〜10月頃）に赤くて丸っこい実を熟す。ナツグミは、初夏（5〜6月頃）にやや楕円形の実がなる。

材は一般的にはほとんど知られていないが、鑿や玄能などの道具の柄に利用されてきた。特に刃物産地の三木（兵庫県）で作られる播磨鑿には、グミがよく使われる。刃物を扱う関係者の間では、グミの柄の評価は高い。その理由として、ある程度硬く粘り強い、木肌が緻密で手触りがいい、黄色味を帯びたクリーム色系の色味のよさなどが挙げられる。削っている作業中に刃から伝わる衝撃をやわらげてくれる（衝撃を吸収する）ともいわれる。材に加工される際には、様々な種類のグミが混じっているので、特定の樹種名で材が呼ばれることはない。

左ページ：柄の材にグミが使われている鑿（竹中大工道具館所蔵）。1：ナワシログミ（苗代茱萸）。高さ2〜3mの常緑低木。苗代を仕立てる頃（5月頃）に実が熟すことから、この名が付いたとされる。10〜11月、小さな淡い黄色の花がつく。アキグミは4〜5月に開花し、9〜10月に実が熟す。2：ナワシログミの樹皮。小さなポチポチが点在している。老木になるにつれて、縦に裂け目が入り剥がれていく。3：ナワシログミの葉。長細い楕円形で、長さ5〜10cm程度。単葉、互生。葉先はやや尖っているものと、ほとんど尖っていないものがある。縁は波状。葉の手触りは硬め。表面は濃い緑色で光沢がある。4：葉の裏は銀色系で光沢はない。

69

032 クリ
栗

別名	シバグリ、ヤマグリ
学名	*Castanea crenata*
科名	ブナ科（クリ属）
	落葉広葉樹（環孔材）
分布	北海道（南部）〜九州
比重	0.60

柾目　　　　　　　　　　　　　　板目

032
クリ

環孔材の典型的な木肌をしている。年輪の境界付近に大きめの道管が連なっており、年輪がはっきり見える。黄土色の心材と白っぽい辺材の区別は明瞭。平均的な硬さ、水に強く耐久性がある、粘りがある、暴れや割れが少ないなどの特徴がある。タモの木目とやや似ているが、クリの方がはっきりした木目をしている。ほのかに甘苦い匂いを感じる。

優れた耐久性・保存性を持つ材は、縄文時代から活躍してきた

クリでまず頭に浮かぶのは、トゲトゲのいがに包まれた実である。太古の昔から、世界中の人たちが貴重な食料として利用してきた。各地で盛んに栽培もされている。国産品種で最も有名なのがタンバグリ（丹波栗）だろう。栽培種と区別して、野生種はシバグリやヤマグリと呼ばれる。

材としても古代から重用されてきた。程よい硬さ（ヤマザクラやイヌエンジュと同程度）、水に強く耐久性や保存性が非常に高い、虫に強い、粘りがある、暴れや割れが少ないなどの特徴が生かされている。タンニンを多く含んでいることが、耐久性の高さにつながっている。

縄文時代の遺跡からは、クリ材が建築物の土台に使われていた痕跡が発掘されている（三内丸山遺跡など）。大量に利用されていた鉄道の枕木や土木用材では、防腐剤処理をしなくてもよかったので重宝された。工芸品にもよく使われ、力強い木目を生かした作品が多い。拭き漆仕上げがよく似合う。

立ち木では、ブナ科コナラ属のクヌギやアベマキに似た印象を受けるが、葉や樹皮などを比べれば判別できる（＊葉と樹皮の写真説明参照）。

左ページ：高さ15〜20m、直径30〜40cmくらいの高木。直径1m以上にまで成長する木もある。6〜7月に開花し、独特の匂いを放つ。1：成木の樹皮は、縦に深い裂け目が入る。若木は比較的平らで、菱形のポチポチが点在する。よく似ているアベマキの樹皮はコルク質で弾力性があり、指で押すと少しへこむ。2：葉は細長い楕円形。葉先は尖る。長さ8〜15cm、幅3〜4cm程度。単葉、互生。縁には、葉脈の先に短い鋸歯が出る。表面は濃い緑色で光沢があり、裏は淡い緑色。よく似ているクヌギとは、鋸歯などで見分けられる。クリは鋸歯の先まで緑色。クヌギは鋸歯の先が色抜けしており葉全体がやや細身。3：釿（ちょうな）のはつり跡が残るクリ材のドア板。名栗（なぐり）と呼ばれる加工法の一種。4：クリ材で彫った我谷盆の深盆（作：佃眞吾）。

71

033 クロマツ
黒松

別名	オマツ（雄松）
学名	*Pinus thunbergii*
科名	マツ科（マツ属）
	常緑針葉樹
分布	本州、四国、九州
比重	0.44〜0.67

材質はアカマツとほぼ同じだが、クロマツの方がやや硬くて樹脂分（ヤニ）が強い。そのため、材は松ヤニの匂いがする。全体的に赤味がかったクリーム色。年輪がはっきりしている。稀に、板目材に虎眼杢が現れることがある。

033
クロマツ

白砂青松の風景は、潮風にも耐えられるクロマツの抵抗力から生まれた

クロマツは各地の海岸沿いに防風林や防砂林として、昔から植えられてきた。潮水や潮風に対して抵抗力があり、砂地でも生育できるたくましさが見込まれてのことだった。そして、時を経て「白砂青松」の風光明媚な風景が生み出された。三保の松原（静岡県）や虹の松原（佐賀県唐津）などが、代表的な名勝である。

クロマツの材は、アカマツよりもかなり樹脂分（松ヤニ）が多く水中耐久性が高い。材は赤味がかったクリーム色をしているが、全体的に松ヤニが染みわたった感じに見える。特に樹脂分を多く含み色艶のいい材は肥松と呼ばれ、貴重な材として珍重されてきた。工芸品、敷居、上がり框（玄関の土間と床の段差のところに設けられた化粧材）、床の間の部材などに使われる。

立ち木でアカマツと見分けるには、樹皮の色（黒っぽさ、赤っぽさ）、葉の感触（クロマツは硬くて触ると痛い、アカマツは柔らかくて触って痛くない）、葉の長さ（クロマツの方が長い）、枝先の芽の色（クロマツは白っぽい）などのポイントがある。

左ページ：高さ10〜40m、直径50〜80cmほどの高木。直径が1.5m以上になる木もある。海岸沿いを中心に生えている。幹は曲がりやすい。4〜5月に開花。球果（松ぼっくり）は、長さ5〜7cmくらいの先が細くなった卵形。1：樹皮は、その名の通り黒っぽい。網目状に裂けて、剥がれていく。老木になると、深く切れ込みの入った亀甲模様になる（アカマツよりも深い切れ込み）。2：針状の葉が2本ずつ束になって短い枝につく。長さ10〜15cm、幅1.5〜2mmくらい。葉は硬めで、先は尖っており触ると痛い。3：クロマツ（肥松）の茶托（作：クラフトアリオカ）。

クロモジ
黒文字

学名	*Lindera umbellata*
科名	クスノキ科（クロモジ属） 落葉広葉樹（散孔材）
分布	本州（関東地方以西）、四国、九州
比重	0.85

木肌が滑らかで、全体的にクリーム色をしている。硬くもなく柔らかくもなく適度な硬さ。つまようじに削る際には、黒っぽい樹皮を残して材のクリーム色との対比を見せる。柑橘系の強い匂いがする。

034
クロモジ

柑橘系の強い匂いが印象的な、高級つまようじ材

クロモジの木は、高さがせいぜい5m程度で幹の太さが数cmしかない。陰樹ということもあり、関東地方以西の山地にあまり目立つことなく他の木々に混ざって生育している。4月頃に黄緑色の小さなかわいい花が咲くが、一般にはあまり知られていない。そういう木でありながら、クロモジの名は世間で認知度が高い。その理由は、「"高級つまようじ"といえばクロモジ」というイメージが出来上がっているからだろう。

ようじ（楊枝）を使う風習は、仏教伝来と共に日本に伝わった。当初、僧侶たちがクロモジの枝の一端を穂のように砕いて、歯ブラシのようにして使った（穂楊枝）。その後、歯の間にはさまったものを取り除きやすいように先を削って尖らせ、現在のつまようじ（爪楊枝）の使い方が広まった。クロモジは香りが強いことやある程度の硬さがあること（比重0.85の数値はかなり高い）から、つまようじの材に選ばれたと考えられる。香りが強いのは、リナロールやテルピネオールなどの精油を含んでいるからである。精油は香料や化粧品に用いられる。

左ページ：クロモジを削って仕上げた菓子切とつまようじ。1：幼木の樹皮は緑色系で、小さなポツポツが点在する。成木では濃い灰色系になって、ポツポツから少し縦に模様が入る。2：葉は長細い楕円形で、葉先は少し尖っている（ほとんど尖っていない個体もある）。長さ5〜10cm、幅2〜5cm程度。単葉、互生。縁にギザギザはなく滑らか。表面は濃い緑色で無毛。すべすべした手触りがする。秋に、球形の果実が黒っぽく熟す。3：高さ2〜5m、直径5〜10cmほどの低木。庭木としても植えられる。雌雄異株で、3〜4月頃、葉が出るのと同時期に雄花と雌花が開花する。北海道・渡島半島や東北地方には変種のオオバクロモジが生えており、地元ではクロモジと呼ばれることも多い。

035

ケヤキ
欅

別名	ツキ（槻）
学名	*Zelkova serrata*
科名	ニレ科（ケヤキ属）
	落葉広葉樹（環孔材）
分布	本州、四国、九州
比重	0.47〜0.84

035
ケヤキ

耐久性などに優れ、国産広葉樹材を代表する材。大きな道管が年輪界に沿って連なり、木目がはっきりしている（環孔材の特徴）。心材と辺材の区別は明瞭。心材はオレンジ色、辺材はほんのり淡い黄色。ケヤキ独特のツンとした匂いがする。硬さや加工のしやすさに個体差がある。玉杢や牡丹杢などが出る材は、伝統工芸品などで重用される。

存在感のある立ち姿、良材の誉れ高い材。日本の広葉樹の代表格

空に向かって大きく枝が張り出す立ち姿の美しさ、実用性と木肌の見栄えのよさを兼ね備えた材。ケヤキは日本の広葉樹を代表する木の一つである。北海道を除く各地の山野や丘陵地に自生するが、昔から社寺の境内や街路などにも植えられてきた。東京・府中の大国魂神社前のケヤキ並木の起源は、鎌倉時代にまでさかのぼるという。うろこ模様が入った樹皮や扇形の樹形などに特徴があるので、街中や山野でも、わりとケヤキの木は見極めやすい。果実や花は、小さくてあまり目立たない。

材は耐久性や耐湿性に優れるなど、良材の誉れが高い。ただし、材質は硬さなどに差が出る。年輪が粗くて重いものは、かなり硬い。年輪が細かいものは、おおむね柔らかく加工がしやすく木彫やロクロ加工などに適している。玉杢や牡丹杢などの杢が現れる材も多く、伝統工芸作品などで重用される。建築材としては、特に社寺建築に使われてきた。清水寺などの京都の寺にはケヤキ造りの建物が多い。その他、箪笥や座卓などの家具、和太鼓などの楽器、道具類の柄など用途は多彩である。

左ページ：高さ20～25m、直径60～70cm程度の木が多いが、高さ30m以上、直径2m以上に達する大木もある。枝が扇形に大きく広がる端正な姿が美しい。4～5月、葉が出るのと同時期に開花。1：KYOTOチェア（作：徳永順男）。京都・大徳寺の境内に生えていた樹齢800年のケヤキを使用している（座のケヤキは大徳寺の木ではない）。2：成木の樹皮。3：若木の樹皮。若木の時は、灰色系で表面は比較的平ら。細かい点々が散らばる。成木には、うろこ状の模様が出る。老木になると、皮が剥がれ落ちていく。4：葉は楕円形で、先が細長くなり先端は尖る。長さ3～7cm、幅1～2.5cm。単葉、互生。表面はザラザラした手触り。縁はギザギザした鋸歯がある。鋸歯が波形の曲線になっているのが特徴。よく似ているムクノキの葉は、ケヤキより鋸歯が細かく直線的に見える。

77

ケンポナシ

玄圃梨

036

別名	テンプナシ、ケンポ、ケンノミ
学名	*Hovenia dulcis*
科名	クロウメモドキ科(ケンポナシ属)
	落葉広葉樹(環孔材)
分布	北海道(奥尻島)〜九州
比重	0.64

環孔材の特徴がよく表れており、道管が大きめで年輪がはっきり見える。心材と辺材の区別は明瞭。心材は濃いだいだい色で、辺材は白っぽい。全体的にケヤキに似た雰囲気がある。大径木には杢が出ることがある。程よい硬さで加工しやすい。弱いが独特の薬臭を感じる。木材流通においては、ケケンポナシ（毛玄圃梨）も混じっていると思われる。

036
ケンポナシ

立ち木でも材になっても、意外と個性的な特徴を有する

ケヤキやクリと同じように道管が大きめで、材の木肌に年輪がはっきりと現れている。漆を塗ると、ケヤキとそっくりになる。このような理由から、ケヤキの模擬材として扱われることがある。ただし、ケンポナシ特有の珍しい杢が出るなど、材としての個性も持ち合わせている。そのため、材の流通量は少ないが、昔から指物などの和家具、工芸品に用いられてきた。「ケヤキの武骨さがもう少し上品になった感じがする。杢が出て、表情が豊か。細かい細工もできて、加工しやすい」（木工家）。強くはないが、薬っぽい独特の材の匂いを感じる。正露丸のような匂いと表現する人もいる。

立ち木でもユニークな点がある。葉は枝に2枚ずつ互生する。左側に2枚連続してつき、次は右側に2枚連続してつく（コクサギ型葉序という）。秋に実がなる頃、果柄（枝から細く伸びて、先に実をつける部分）も太くなっていく。この時期の果柄をかじってみると甘いナシの風味が感じられる。

同属のケケンポナシ（毛玄圃梨、*H. trichocarpa*）とは、立ち木でも材でも見極めに苦労する。

左ページ：ケンポナシ材で作られた仏壇（作：野崎健一）。扉は左右に開閉できる蛇腹式。54×42×高さ78cm。1：高さ10〜15m、直径30〜50cmほどの高木。高さ20m前後、直径1m以上に成長する木もある。6〜7月、薄緑色の小さな花がつく。2：秋に丸い実がなるが、実のついている果柄も太って肉質化し食べられる。この写真は未熟。3：樹皮は濃い灰色で、縦に浅く裂け目が入る。短冊状の皮が剥がれ落ちることもある。4：葉は、基部が比較的平らな卵形。葉先はほんの少しだけ細く出て、先端は尖る。長さ8〜15cm、幅6〜12cm程度。単葉。枝の片側に2枚ついて、次に反対側に2枚つくタイプの互生（コクサギ型葉序）。縁はギザギザした鋸歯がつき、やや波打つ。同属のケケンポナシ（毛玄圃梨）の葉よりも、鋸歯が少し粗目で、やや厚みがある。ただし、判別はかなり難しい。

コウヤマキ
高野槙

037

別名	ホンマキ、マキ
学名	*Sciadopitys verticillata*
科名	コウヤマキ科（コウヤマキ属） 常緑針葉樹
分布	本州（福島県以南）、四国、九州
比重	0.35〜0.50

037
コウヤマキ

年輪の幅が狭く、目がわりと真っすぐで詰まっている。心材はクリーム色、辺材は白っぽい。独特のすっきりしたフルーティーでさわやかな匂いがする。針葉樹材としては平均的な硬さで、加工しやすい。耐湿性が非常に優れているのが大きな特徴。

特筆すべき耐水性を有する、1科1属1種という稀有な日本固有種

名前の由来は、高野山（和歌山県）周辺に数多く生えていたからとされる。その他の地域でも、北限地の東北地方南部、大台ケ原山系、四国、九州南東部などに生育している。特に、木曽地方ではヒノキやサワラと共に木曽五木*の一つとされている。一見すると他の針葉樹とそんなに違いを感じないが、1科1属1種という特殊な日本固有種である。

材については、古代から有用材として扱われてきた。それは、水や湿気にとても強いという優れた耐水性や耐久性を持ち合わせていることによる。弥生時代の遺跡などから、コウヤマキの建築材などが出土している。日本書紀に、スサノオノミコトが柀（まきのき、コウヤマキのことを指すと思われる）は棺に適した材だと説話した記述がある。それを裏付けるように、コウヤマキの木棺がいくつかの遺跡から発掘された。

現在、材の入手は難しくなっているが、今でも風呂桶や水桶などに使われている。温泉宿ではヒノキ風呂をありがたがる向きがある。だが実際は、コウヤマキやサワラの方が風呂桶の材に向いている。

*木曽五木：江戸時代、尾張藩によって伐採禁止になった木曽谷の木5種。ヒノキ、サワラ、コウヤマキ、ネズコ、アスナロ。

左ページ：コウヤマキ材の風呂桶（作：伊藤今朝雄）。1：高さ20〜30m、直径60〜80cmほどの高木。中には直径1m以上に成長する木もある。尾根筋に生えていることが多い。幹はほぼ真っすぐに伸びていくが、成長は遅い。樹形は端正な円錐形をしている。4月頃に開花。球果（松ぼっくり）は楕円形〜円柱形で長細い（長さ8〜12cm、幅3〜4cm程度）。2：樹皮は赤茶色系で、縦に裂けて薄く剥がれていく。厚めの繊維質の樹皮は、指で押さえると少しへこむ。3：少し幅の広い針状の葉は、2本の葉が合わさってできている。長さ6〜12cm、幅3〜4mm程度。表面には縦に溝がある。裏面には縦に白っぽい窪みがある。葉先はほんの少し窪んでおり、手で触っても痛くない。これが束状に何本も集まって短枝の先についている。4：天理市下池山古墳（古墳時代、4世紀）出土の木棺（奈良県立橿原考古学研究所附属博物館所蔵）。

038 コナラ
小楢

別名	ホウソ
学名	*Quercus serrata*
科名	ブナ科（コナラ属）
	落葉広葉樹（環孔材）
分布	北海道（南部）、本州、四国、九州
比重	0.60〜0.99

コナラの名前では、材としてほとんど流通していない。ミズナラと同じように虎斑（とらふ）が現れることがある。年輪幅はミズナラより少し広い傾向にある。乾燥時に割れ、暴れ、反りなどが生じやすい。柾目材でないと使いづらい。

038
コナラ

昔から薪や炭の材として生活に欠かせなかった、雑木林を代表する木

高 さ10〜20m、直径50〜60cmの落葉高木。ミズナラに比べて、樹高、枝の太さ、葉の大きさなど全体的に小ぶりである。里山や雑木林を構成する主要な樹木（特に武蔵野台地の雑木林など）で、以前は薪や炭に使うために大量に伐り出された。薪炭材としてのコナラは火力が強く、火持ちもよい。伐採しても切り株から芽を出してどんどん成長していくので、生活に欠かせない木だった。シイタケのほだ木として耐久性があり、現在はクヌギと共に重用されている。

材はミズナラよりも硬くて重い性質から、イシナラと呼ばれることがある。乾燥の際に割れや狂いが生じることが多く、加工しづらい。家具材や建築材には向いていないとされるが、しっかり乾燥させれば材としても有効活用できる。「ほだ木用の木を手に入れて使っているが、材にシートをかぶせて慎重に乾かさないと割れが入ってしまう。でもきれいな木目が出る」（木工家）。ナラの名で流通している材は一般的にミズナラのことを指すが、コナラも混じっていることがある。

左ページ：コナラをロクロで挽いた拭き漆仕上げの器（作：任性珍）。1：山野の日当たりのよい場所で、比較的真っすぐに育つ。4〜5月、葉が出るのと同時期に開花。ドングリ（堅果）はミズナラより小さく、やや細長いタイプ。2：成木は縦に裂け目が入るが、平らな面も残る。老木になるにつれ、彫りが深くなる。3：葉先に近い方が幅広い楕円形で、葉先は尖っている。長さ5〜15cm、幅4〜6cm程度。ミズナラやカシワの葉よりも小さめ。単葉、互生。縁は粗いギザギザの鋸歯。長さ1cm程度の葉柄があるのが特徴（ミズナラの葉柄は非常に短く、ないようにも見える）。4：10年以上使われているコナラの事務机。家具として使われるのはめずらしい。乾燥をしっかりしておけば、このように家具としても使える。

83

039

コブシ
辛夷

別名	ヤマアララギ、コブシハジカミ
学名	*Magnolia kobus*
科名	モクレン科（モクレン属）
	落葉広葉樹（散孔材）
分布	北海道〜九州
比重	0.45〜0.63

| 板目 | 柾目 |

全体的にクリーム色がかっており、心材と辺材の区別はつきにくい。散孔材で同属のホオノキと似た雰囲気はあるが、やや硬めで、加工性にやや劣る。

039
コブシ

早春に咲く香りのいい白い花が印象的。材はホオノキに似る

コブシの名を聞くと、すぐに思い浮かぶのが早春に咲く白い花だ。木の周りには、花の甘い香りが漂う。サクラ(ソメイヨシノ)より早く咲き、葉が開く前に開花するので印象深い。ただし、6枚の花弁で形成された花の下に小さな若葉がつく。同属のタムシバ(*M. salicifolia*)と立ち木の様子が似ているが、タムシバは花の下に葉はつかない。北海道から本州北部にかけて生えているキタコブシ(*M. kobus* var. *borealis*)を、コブシの変種とすることもある。

コブシという名前は、ごつごつした果実の形が握りこぶしのように見えることから名付けられたとされる。果実は袋果(内部に種子を含んだ袋状の果実)が集まってできている(見た目がごつごつした印象を受ける)。秋に実が熟すと袋果が割れて、赤い種子が白い糸状の柄にぶら下がるような姿で現れる。

材は一見するとホオノキに似ている。ただし、色味や加工性などの面でホオノキよりランクの低い材とされる。それでも、細めの皮付き丸太は風情があり、茶室の床柱に使われることが多い。

左ページ:葉は先の方の幅が広い卵形。長さ6〜13cm、幅3〜6cm程度。単葉、互生。縁はギザギザがなく滑らか。表側は緑色で無毛、裏側は淡い緑色で葉脈の上に少し毛が生えている。1:通常は、高さ8〜10m、直径20〜30cmほどの木。高さ15〜20m、直径70cmくらいまで成長する木もある。3〜4月、やや大きめの白い花が咲く。2:茶室の材に用いられているコブシ材(竹中大工道具館の茶室構造模型)。3:樹皮は灰色系で、表面はわりと滑らか。老木になると、浅い裂け目が入る。

040

サルスベリ
百日紅、猿滑り

別名	ヒャクジツコウ
学名	*Lagerstroemia indica*
科名	ミソハギ科（サルスベリ属）
	落葉広葉樹（散孔材）
分布	全国（北海道では稀）、中国原産
比重	0.85

040 サルスベリ

大きな材はとれないが、なかなかの良材。木肌は緻密で、幹と同じようにすべすべしている。心材と辺材の境界がはっきりしない。全体的に黄色味を帯びたクリーム色。硬くて粘りがある。かなりの硬さを感じるが、切削でもロクロでもよく切れる刃を使えば加工に問題はない。「日頃はミズキをロクロで挽いている職人さんがサルスベリを挽いた時に、こんな硬い木は初めてだと言っていた」(いつもサルスベリを挽いている玩具職人)

樹皮も材面も滑らかですべすべ。可憐な花は100日も咲き続ける

特徴は何といっても、すべすべした樹皮の滑らかさにある。「猿も滑り落ちてしまうほどの木肌が滑らか」という、その光景を思い浮かべられるような、とてもわかりやすい樹名が付けられている。別名のヒャクジツコウ(百日紅)は、100日間も花が咲いているという意味合いだ。実際には、7月から10月にかけて紅色、桃色、白色などの華やかな色味の花が咲く。元々は中国原産で、諸説あるが江戸時代には渡来していた。美しい花が長い期間にわたって咲くので、庭木として各地の寺院などに植栽され広まっていった。

材は比重数値を見てもわかるように、かなり硬い部類に入る。粘りもあり、樹皮と同じく材の表面も滑らかである。耐久性も優れている。大量に出回る材ではないが、一部では良材として扱われている。例えば、乱暴に扱われることもある玩具。丈夫さや粘り強さが生かされて、伊勢玩具(三重県)の独楽やけん玉の材になっている。茶室の皮付き床柱として使われることもある。樹皮の色合いやまだら模様が、和の空間にも似合っている。

左ページ：樹皮は薄く剥がれて、すべすべ肌になる。全体的にベージュ色系で、うっすらとまだら模様がつく。ナツツバキ、リョウブ、ヒメシャラなどの樹皮も同様の雰囲気。シマサルスベリの樹皮は、まだら模様が目立つ。1：高さ3〜7m、直径10数cm程度の低木。高さ10m、直径30cmほどまで成長する木もある。曲がりながら成長することが多い。2：葉は丸みのある楕円形。葉先は尖るものとあまり尖らないものがある。長さ3〜6cm、幅2〜3cm程度。単葉、互生(枝の左右に、交互に葉が2枚ずつつくコクサギ型葉序)または対生。縁は滑らか。3：同属のシマサルスベリ(*L. subcostata*)。屋久島、種子島などの島に生育するので、この名が付いた。サルスベリよりも大きく成長する。4：サルスベリをロクロで挽いた、伊勢玩具のヨーヨーと独楽(作：畑井工房)。表面が滑らかなので、糸を使ってヨーヨーを回すのに適している。

87

041

サワラ
椹

別名	サワラギ
学名	*Chamaecyparis pisifera*
科名	ヒノキ科（ヒノキ属）
	常緑針葉樹
分布	本州（岩手県付近以南）、九州（北部）
比重	0.28〜0.40

真っすぐな木目で、木肌はヒノキより粗い印象を受ける。心材はやや赤味を帯びた、黄色っぽいクリーム色。辺材は白っぽい。針葉樹の中でも特に軽くて柔らかい。切削加工や鉋掛けは作業しやすいが、ロクロ加工は柔らかすぎて向いていない。耐水性に非常に優れており、その特性を生かして、桶などの用途に使われる。材の匂いを感じない。「香りは出ないしアクが強くないから、口に入れるのに使う道具はサワラが向いている」（桶職人）

041
サワラ

すこぶる水に強い特性を生かして、桶や水回り道具に重用

岩手県や九州北部でサワラの木の生育は確認されているが、主な生育地は関東北部から中部地方にかけてである。木曽地方では、江戸時代にヒノキやネズコなどと共に木曽五木の一つとされた。

ヒノキとよく似ているが、いくつかの相違点がある。サワラは山地の沢沿い中心に生えており、ヒノキは山の中腹や尾根筋などの乾燥している場所に多い。葉の形は一見同じように見えるが、裏側の気孔部の違いなどで判断できる（＊葉の写真説明参照）。

サワラは材に大きな特徴がある。国産針葉樹材の中では最も軽くて柔らかいと思われる。比重の比較でも、スギやネズコよりもわずかに数値が低い。特筆すべき材質は、水や湿気に対して非常に強いことだ。柔らかすぎて柱などの建築構造材には使われないが、水桶、風呂桶（浴槽）、水回りの様々な道具など、特性を生かした用途に昔から使われてきた。木目がほぼ真っすぐに通っているので、鉈で割りやすく桶の材に加工しやすいという面もある。ヒノキのような香りはせず、無臭の材なので、味覚に関係する寿し桶や飯櫃にも重宝な材である。

左ページ：高さ30〜35m、直径80㎝〜1mに成長する高木。枝が、やや水平方向に張り出すのが特徴。樹冠はわりとスカスカした感じがする。樹形はどちらかといえば円錐形。ヒノキの樹冠は、密でこんもりした容姿。雌雄同株で、4月に雄花と雌花が開花。**1**：サワラの風呂桶（浴槽）（作：伊藤今朝雄）。直径2m、高さ73㎝。**2**：葉は、うろこ状でヒノキに似ている。葉先が尖っており、触ると痛い。裏側の基部の気孔帯という部分が、白くなっている。その白い形はX字形やH字形などに見立てられるが、蝶々の姿というのがふさわしい気がする。ヒノキは葉先が尖っておらず、気孔帯はY字形。**3**：樹皮は灰色を帯びながらも赤っぽい印象。縦に細く繊維状に裂けて、ピラピラと薄く剥がれる。スギの樹皮に似ているが、裂け幅がスギより少し細い。

89

042 サンショウ
山椒

別名	ハジカミ
学名	*Zanthoxylum piperitum*
科名	ミカン科（サンショウ属）
	落葉広葉樹（散孔材）
分布	北海道（中南部）〜九州
比重	0.78

全体的にマユミに似た材。心材と辺材の区別がはっきりせず、黄味がかったクリーム色をしている。木肌が緻密で滑らか。程よい硬さで粘りもある。加工しやすく、仕上がりがきれい。材は葉と違って、匂いを感じない。

042
サンショウ

でこぼこした樹皮とは対照的に、材の黄色い肌は滑らか

1

　　ンショウと聞くと、果実を粉末にした香辛料の粉山椒、お吸い物に添える葉っぱなどのイメージが強い。その果実は直径5㎜くらいの球形で、秋に赤く熟す。それが割れて、光沢のある黒い種子が現れる。葉は小葉が5〜9対からなる複葉で、小葉をもむと独特の爽やかな香りがする。幹は太くならないが、でこぼこした樹皮が林の中でも目につく。

　同じ属に、イヌザンショウ（*Z. schinifolium*）、カラスザンショウ（*Z. ailanthoides*）などが属す。いずれもよく似ているが、イヌザンショウの小葉はサンショウよりもやや細く、縁のギザギザが細かく波打たない。複葉の基部にあるトゲは互生（サンショウは対生）。小葉をもむと、サンショウほど強い匂いがしない。カラスザンショウの小葉はやや長い。

　サンショウの材の肌目は緻密で、樹皮とは違ってすべすべした滑らかな肌触りだ。比重数値が高く、思いのほか硬くて粘りがある。すりこ木によく使われるのも、強靱さが生かされてのことだ。材色はウルシやニガキよりも薄い黄色で、寄木細工に利用されることがある。意外にも、材は匂わない。

2

3

左ページ：樹皮は全体的にごつごつした印象を受ける。若木の時はトゲが目立つ。成長するにつれてトゲがなくなっていき、でこぼこしたこぶが目立つようになる。1：サンショウの皮付きすりこ木。強靱で折れにくい、摩耗しにくいなどの理由からすりこ木に使われる。2：高さ1〜3m、直径4〜5㎝の低木。高さ5m、直径15㎝くらいまで成長する木もある。雌雄異株で、4〜5月に雄花と雌花が開花。3：葉は、5〜9対の小葉のついた複葉（羽のように柄につくので羽状複葉という）。小葉は長さ1〜4㎝程度。縁に粗めのギザギザがついており、やや波打つ。小葉の先端は、ほんの少し窪んでいる（浅くV字のような切れ目が入っている）。葉をもむと、いわゆる山椒の香りが漂う。果実は、9〜10月頃に紅色に熟した後、2つに割れて黒い種子を出す。

043

シイ
椎

別名	スダジイの別名:イタジイ、ナガジイ コジイの別名:ツブラジイ
学名	*Castanopsis sieboldii*(スダジイ) *C. cuspidata*(コジイ)
科名	ブナ科(シイ属)　　常緑広葉樹(放射孔材)
分布	本州(スダジイは福島県・新潟県以南、 コジイは伊豆半島以南)、四国、九州、沖縄
比重	スダジイ0.50〜0.78、コジイ0.52

スダジイの材。木口に現れる年輪がはっきりしており、その輪郭は波状になっている場合が多い。収縮率が高く、乾燥時に割れやすくねじれやすい。耐久性も高くない。このような理由から、材として利用されることが少ない。匂いは特に感じない。

043
シイ

暴れやすい材なので、薪炭材や椎茸の原木として利用されてきた

スダジイ、コジイ、マテバシイ属のマテバシイ（馬刀葉椎 *Lithocarpus edulis*）など、シイの名のつく木は多いが、シイノキという名の木はない。ざっくりとシイノキと言えば、スダジイかコジイのことを指す。どちらも、日本の照葉樹林で生育する代表的な木である。伊豆諸島・御蔵島の大ジイ（スダジイ、直径4m以上、推定樹齢800年）のように、樹齢を重ねた巨木が何本か現存する。

スダジイは葉や果実がコジイよりも大きめで、葉質が分厚い。樹皮が縦に裂ける。ドングリ（堅果）はやや細長いタイプである。コジイは樹皮がほとんど裂けることはなく、ドングリはほぼ球形だ。

材としては、スダジイとコジイをまとめてシイとして扱われることが多い。ただし、板に製材されて建築材や家具材に利用されることはほとんどない。それは、硬さはあるが乾燥時に割れやねじれが激しい、肌目が粗い、あまり色がきれいでもない、耐久性が高くないなどの理由による。そのため、昔から薪炭材や椎茸のほだ木として大量に使われてきた。それでも、道具の柄や床柱に使われることはあった。

左ページ：スダジイ。高さ20m、直径60cm～1mほどの高木。高さ25m、直径4m前後の巨木も現存する。5～6月に開花。虫媒花（昆虫が媒介して受粉が行われる花）なので、花は強い香りを放つ。1：シイの絞り丸太の床柱（竹中大工道具館の茶室）。たまに皮付き床柱でシイが使われたが、絞り丸太はめずらしい。2：スダジイの樹皮。縦に深くはっきりした裂け目が入り、モザイク模様のような様相になる。コジイは、ほとんど裂け目がない。3：スダジイの葉。楕円形で、葉先は細長く伸びて先端は尖っている。縁はすべて滑らかなタイプと、葉先に近い上半分程度の縁に緩やかな波状の鋸歯がつくタイプがある。長さ10cm前後、幅3～4cm。単葉、互生。葉の裏は、光沢のある銀白色や金色っぽく見える。

93

シウリザクラ

別名	シュリザクラ(朱理桜)、シオリザクラ、ミヤマイヌザクラ
学名	*Padus ssiori*(別名:*Prunus ssiori*)
科名	バラ科(サクラ属)
	落葉広葉樹(散孔材)
分布	北海道、本州(中部地方以北)、隠岐島(極めて希少)
比重	0.67

サクラ類は年輪がはっきりしない傾向にあるが、シウリザクラは比較的はっきり見える。心材と辺材の区別はつきやすい。心材はくすんだ赤味で、緑色系の筋が入っている。辺材はクリーム色。程よい硬さで粘りもあり加工しやすく、家具材などに重用される。生木の状態では、ほのかに匂いを感じる。材では匂いを感じない。

044
シウリザクラ

ほぼ真っすぐに幹が成長していく木。程よい硬さで材の評価は高い

材をぱっと見ると、淡い赤味がかった色合いが印象に残る。ヤマザクラよりも、やや赤色が弱く感じられ上品さが醸し出されている。材質は程よい硬さで緻密で粘りがある。加工しやすく、仕上がりがきれいで光沢も出る。暴れが少なく幹が真っすぐに成長することもあり、良材としての評価が高い。用途はヤマザクラとほぼ同じで、家具材などによく使われてきた。北海道からサクラの名で出る材は、シウリザクラがかなりの割合を占める。

木材関係者は、シュリザクラと呼ぶことが多い。漢字に「朱理」を当てたのは、朱色の木理という意味を込めたのかもしれない。別名のミヤマイヌザクラは、深山に生えるイヌザクラ（P. buergeriana）を意味する（シウリザクラはイヌザクラの仲間）。本名のシウリザクラのシウリは、アイヌ語のシウ（苦い）とニ（木）が語源だとする説が有力だ。樹皮や黒く熟れた果実に苦味のあることが由来だろう。

近縁種のウワミズザクラ（P. grayana）とイヌザクラとは、葉を比較すると見分けやすい。

左ページ：葉は楕円形〜卵形で、葉先は細くなり先端は尖る。長さ7〜16cm、幅3〜7cm程度。単葉、互生。縁は細かいギザギザがある。葉身の付け根がハート形になっているのが特徴。付け根のすぐ下にイボのような蜜腺が2つある。よく似ているウワミズザクラの葉は、葉身の付け根部分が丸く、蜜腺は葉身の下部にある。イヌザクラの葉は先端に近い方の幅が広く、葉身の付け根が三角形状である。**1**：シウリザクラのテーブルと椅子（作：傍島浩美、撮影場所：「そらいろの丘」長野県小諸市）。テーブル、80×80×高さ65cm。**2**：高さ10〜15m、直径30〜40cmほどの高木。高さ20m、直径60cm前後に成長する木もある。北海道の山地に多い。**3**：樹皮は縦に細く割れ目が入る。老木になると薄く剥がれていく。**4**：5〜6月、総状花序（瓶洗浄のブラシのような形状）で小さな白い花がつく。一般的なサクラの花のイメージとは異なる。

045

シオジ
塩地、梍樹、梍檮

別名	コバチ
学名	*Fraxinus platypoda*
科名	モクセイ科（トネリコ属）
	落葉広葉樹（環孔材）
分布	本州（関東地方以西）、四国、九州
比重	0.53

年輪がはっきりしている（環孔材の特徴）。木目が比較的真っすぐ。心材は明るい淡い黄色。タモとよく似ており判別するのが難しいが、シオジの方がやや明るい感じがする。タモよりも杢がよく現れる。程よい硬さで加工しやすい。匂いはあまり感じない。

045
シオジ

やや標高の高い山間の沢沿いで育つ。材はタモとの区別がつきにくい

立ち木でも材でも、ヤチダモと非常によく似ている。特に材では、木材のプロでも判別が難しい。タモの名で流通している材（ヤチダモの材は単にタモと呼ぶ）の中には、シオジが混ざっていることが多い。同じような質の材であれば、北海道産ならタモ、西日本産ならシオジと判断してほぼ間違いない。

材質は、木目が真っすぐ、程よい硬さ、大きな材がとれる、加工しやすいなどの特徴がある。タモ材との違いを見極めるポイントは、色の質感だ。シオジの方が、やや明るい黄色味の雰囲気がある。美しい杢はシオジの方が出やすい。用途はタモとほぼ同じで、家具や木工芸品などに重用される。

立ち木の違いでは、まず生育地が異なる。シオジは、関東地方以西のやや標高の高い場所の沢沿いに多く生える。ほぼ太平洋側に分布する。ヤチダモは、北海道から中部地方にかけての冷温帯に自生する。多雪地帯や日本海側に多い。葉はどちらも奇数羽状複葉で、小葉を見比べてもわかりにくい。明確な相違点は、小葉が柄につく基部。シオジは無毛だが、ヤチダモには褐色の細い毛が密生している。

左ページ：山の斜面で、根を張り出しながら育っているシオジ。1：標高500m以上の山間の沢沿いなどで育つ。サワグルミと一緒に生えていることが多い。高さ15〜30m、直径60cm〜1mほどの高木。4〜5月、葉を出す前に開花。2：葉は2〜4対の小葉（計5〜9枚）からなる奇数羽状複葉タイプ。小葉は楕円形で、葉先は少し細くなって尖る。小葉の長さ8〜15cm、幅3〜7cm程度。複葉全体では長さ25〜35cm程度。縁には細かいギザギザの鋸歯がある。3：樹皮はやや暗めの灰色系で、縦に細く裂ける。ヤチダモは少し明るめの色合いで、裂け方がやや深い。4：シオジの実生。5：神代シオジ棚（作：徳永順男）。扉の材は、何百年も地中に埋まっていたシオジを使っている。

046 シデ
四手

別名	アカシデ（赤四手）の別名：コソネ、ソロ
学名	*Carpinus laxiflora*（アカシデ）
科名	カバノキ科（クマシデ属）
	落葉広葉樹（散孔材）
分布	アカシデ：北海道〜九州
比重	0.70〜0.82（アカシデ）

心材と辺材の区別がつきにくい。全体的に、ややクリーム色がかったくすんだ白色系の色合い。木口に少し放射のような線が現れる。硬くて粘りはあるが、乾燥が難しく暴れやすい。切削でも旋盤でも加工しづらい。匂いは特に感じない。

046
シデ

滑らかな皮肌が個性的。目が素直でない材は、鉋仕上げがやりづらい

シデ類は世界で数十種ほどあるが、日本にはアカシデ、イヌシデ、クマシデ、サワシバ、イワシデの5種が生育している。イワシデだけは低木で材の扱いがほぼない。他の4種は材質がよく似ており、それらをまとめてシデの名で木材取引が行われる。

4種の材のいずれもが比重0.7前後の数値を示し、やや重くて硬い。粘りもある。ただし、乾燥が難しく収縮が大きい。繊維が複雑に入りくんでいるので加工がやりづらい。それほどの大径木ではないので、大きな板材をとれない。このような理由から、材としての評価は高くない。「目が素直でないし、逆目も時々ある。鉋仕上げをやりづらい木」（建具店）。それでも、滑らかな樹皮を生かした皮付き床柱、硬さと粘りを生かした道具の柄などに使われてきた。

林の中を歩いていると、樹皮を遠目に見ただけでシデの仲間の木だと直感で判別しやすい。それは、白っぽい灰色の色合いと、滑らかなきれいな皮肌の様子からわかる。特にアカシデとイヌシデの樹皮は、なだらかなデザインされたような縦の筋が目立つ。どこかしら、アートな雰囲気がする木だ。

左ページ：アカシデの樹皮は、やや白っぽい灰色系。独特の滑らかさのある皮肌に、縦に筋が入っている。老木になるにつれて、筋状の窪みが目立つ。1：シデ材を数枚接ぎで作られたテーブル天板。2：アカシデ。高さ10〜15m、直径30cmほどの高木。大きいものは直径60cm前後まで成長する。4〜5月、葉が出るのと同時に開花。3：アカシデの葉は卵形〜楕円形で、葉先は細長く伸びている。長さ4〜8cm、幅2〜3.5cm程度。単葉、互生。縁は不ぞろいのギザギザした鋸歯がある。よく似ているイヌシデとの見分け方は、アカシデの葉の方がやや小ぶりで、表面はほぼ無毛。イヌシデの葉先は短く、表面に白い毛が生えている。

99

047 シナノキ
科の木、級の木、榀

別名	シナ
学名	*Tilia japonica*
科名	アオイ科〔シナノキ科〕（シナノキ属） 落葉広葉樹（散孔材）
分布	北海道～九州
比重	0.37～0.61

心材と辺材の区別がわかりにくく、全体的にくすんだ白色を帯びたクリーム色をしている。年輪がはっきり見えない。木肌はきめ細かく均質。収縮が少なく暴れず、乾燥も加工もやりやすい（ロクロ加工は、やや挽きにくい）。加工中に独特の匂いがする。

047
シナノキ

控えめで光沢のある木肌。初夏に咲く花にはミツバチが集まる

材の肌目はまさに緻密。白っぽい色合いで、キラキラするような光沢が感じられる。年輪がはっきり見えず、癖のない素直な木肌。環孔材のクリやケヤキのような、ぐいぐい迫ってくる感じの押しの強い材ではなく、控えめな印象を受ける。広葉樹材の中では、かなり軽くて柔らかい。暴れることなく加工しやすい。これらの特徴から、幅広く利用されてきた。特に合板への利用率が高い。木彫作品にもよく使われる。「木目があまり目立たないから、自分のイメージで仕上げやすい。シナノキは自分のキャンパスのように思える」（木工家）

近縁種で葉が大きめのオオバボダイジュ（大葉菩提樹 *T. maximowicziana*）の材は、シナノキの材とほぼ同じ材質だが色がやや薄くアオシナと呼ばれる。それに対して、シナノキの材はアカシナという。両者が混ざって、シナ材の名で流通していることがほとんどだ。

樹皮から得られる丈夫な繊維から糸や縄がつくられ、布が織られた。初夏に咲く柑橘系の香りがする淡黄色の花には、ミツバチが寄ってくる。シナノキは、良質の蜂蜜を生み出す蜜源植物でもある。

左ページ：アイヌの人たちが使ってきたシナ材のベラ（へら）。右は、団子をつくる時に使うシトペラ（作：貝澤徹、撮影：本田匡）。**1**：高さ15〜20m、直径50〜60cmほどの高木。高さ20m以上、直径2m前後に達する木もある。部分的に年輪が形成されない不整年輪となることが多い。6〜7月、淡黄色の花がつく。**2**：シナ材を彫った「樹の鞄」（作：亀井勇樹）。**3**：シナ材は引き出しの側板などによく使われる。**4**：若木の樹皮は滑らかだが、成木になるにつれて縦に浅く裂けていく。**5**：葉は左右非対称のゆがんだハート形で、葉先はほんの少し細長く伸びて先端が尖る。長さと幅は、共に4〜8cm程度。単葉、互生。縁はギザギザした鋸歯がある。よく似ているオオバボダイジュの葉は、シナノキの葉よりもひと回り大きく、葉裏に白っぽい毛が密生する。

101

048

シュロ
棕櫚

別名	ワジュロ
学名	*Trachycarpus fortunei*
科名	ヤシ科（シュロ属）
	単子葉植物
分布	九州南部で自生、関東地方以西の暖地で植栽後に野性
比重	0.47

木肌は、クリーム色の地にブツブツした黒っぽい筋や点々が散らばったように見える。繊維の集合体のような材だが、わりと加工しやすい（ただし、刃をこまめに研ぐ必要あり）。収縮率は大きい。匂いは特に感じない。

048
シュロ

日本に自生するヤシ科植物。繊維や材は特殊な用途で活躍

シュロはヤシ科に属するが、正確には樹木ではなく単子葉植物に分類される。日本に自生する、数少ないヤシ科に属する植物。耐寒性が強い。乾燥地でも湿気の多い場所でも生育するなど、あまり土地の条件も選り好みしない。昔から各地に植栽され、現在ではかなり野生化している。東京近郊でも見かけることが多い。

用途としてよく知られているのは、幹の周りに密生している繊維（棕櫚皮）を素材としたタワシや縄（棕櫚縄）である。棕櫚縄は非常に丈夫で水に強く腐りにくく、伸縮性にも優れている。これらの特性を生かして、園芸用具や漁具などに重用されてきた。葉も、ほうき（棕櫚箒）などに使われた。

茎を加工した材は、柔らかそうな印象を受けるが案外硬い。「製材する時、硬くもなく柔らかくもないという感覚」（製材業者）。この材は、特殊な用途で活躍している。それは、お寺の鐘突き棒。全国の鐘突き棒の素材は、シュロがかなりの割合を占めていると思われる。適度な硬さの材なので鐘を傷めない、柔らかみのある音が出るなどの理由からだ。

左ページ：高さ3〜5mの常緑の単子葉植物。10m以上に成長する場合もある。茎は真っすぐに伸びる。5〜6月に開花。1：幹は毛状の棕櫚皮と呼ばれる繊維に覆われる。2：何十枚かの細long小葉が、扇が開いたような姿で茎の先端付近につく。扇状の葉全体の長さは50〜80cm程度。3：シュロ材の鐘突き棒。硬い木よりも柔らかな音の響きがする。4：鐘突き棒の打面。

シラカシ
白樫

別名	ホソバガシ
学名	*Quercus myrsinifolia*
科名	ブナ科（コナラ属）
	常緑広葉樹（放射孔材）
分布	本州（新潟県・福島県以南）、四国、九州
比重	0.74〜1.02

049 シラカシ

心材と辺材の区別がはっきりせず、全体的に白っぽい印象を受ける（かすれたクリーム色）。柾目面には虎斑（とらふ）、木口には牡丹杢が現れることがある。板目面には、樫目と呼ばれるゴマのような模様が出る。アカガシと同じく重硬で粘りのある材質だが、シラカシの方がわずかに硬さで劣る。カシ特有の匂いがする。

細長い葉が印象的。材は国産材有数の重硬さと粘り強さを有する

名前の由来には諸説ある。材が白っぽく見えるから説や、葉の裏が白っぽい（正確には白味を帯びた淡い緑色）から説などだ。同属のアカガシは材が赤味を帯びており、ウラジロガシ（*Q. salicina*）はシラカシよりも葉の裏が白い。

シラカシの材は、アカガシやイスノキなどと共に国産材で最も重くて硬い部類に入る。粘りもある。そのため、強靭さが要求される道具などに重用されてきた。特に台鉋の台は、アカガシよりもシラカシが用いられることが多い。それは、シラカシの方が粘り強く、白っぽい色味の材なので刃の出具合が見やすいなどの理由が考えられる。他の用途としては、木刀、船を漕ぐ櫓、槍の柄などがあり、いかにもシラカシらしい利用のされ方をしてきた。

生育地は新潟県・福島県以南とされるが、特に関東地方ではカシといえばシラカシのことを指す。防風や防火のために、家の周りによく植えられた。地域によってカシのイメージは異なり、九州や四国ではカシといえばアカガシの印象が強いそうだ。

左ページ：台の材にシラカシが使われている台鉋（竹中大工道具館所蔵）。1：高さ15〜20m、直径80cmほどの高木。関東地方に多く生える。5月頃に開花。2：樹皮は濃い灰色系で、少しざらざらしているが比較的滑らか。細かい縦筋の模様が入る。3：葉は長細い楕円形。葉先は徐々に細くなり、先端は尖る。単葉、互生。長さ7〜10数cm、幅2.5〜4cm程度。縁は間隔のあいた鋸歯がつく。葉裏は少し白っぽい。同属のウラジロガシの方が葉裏は白く、縁の鋸歯は鋭い。4：シラカシ材の木槌（竹中大工道具館所蔵）。

050 シラカンバ
白樺

別名	シラカバ（※木材名や通称としてシラカバと呼ばれることが多い）
学名	*Betula platyphylla* var. *japonica*
科名	カバノキ科（カバノキ属）
	落葉広葉樹（散孔材）
分布	北海道、本州（中部以北）
比重	0.58

心材と辺材の区別がつきにくい。全体的に少しクリーム色がかった白色系で、木肌が美しい。ただし、ピスフレック（髄斑）という褐色系の斑点や筋が入ることが多い。耐久性が低いなど材の評価は低いが、乾燥をきっちりすればいい材になる。ほのかに匂いを感じる。

050
シラカンバ

幹の白さの美しさだけではなく、パイオニアとしての側面を持つ

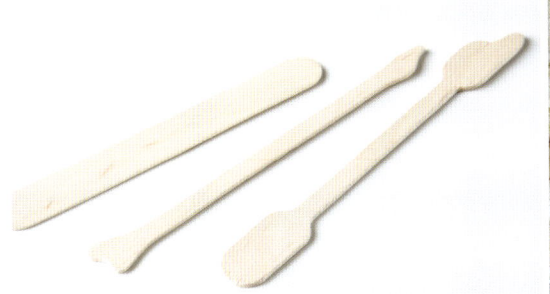

カバノキ属の木の中で最も有名なのはシラカンバだろう。春先には、若葉の鮮やかな新緑と白い美しい樹皮の取り合わせが人の目を楽しませる。

シラカンバは北海道や本州中北部の高原や山地に自生し、先駆種（パイオニア）という特徴を持つ。伐採跡地や山火事の跡地などの日当たりのいい開けた場所に、真っ先に芽生えて成長し林を形成する。

標高の高い土地では、ダケカンバと混生していることがある。ぱっと見ただけでは両者を判別するのは難しいが、ポイントを押さえれば見極められる。シラカンバの樹皮はほぼ真っ白だが、所々に「ヘ」の字形をした黒っぽい枝痕がついている。小枝が黒いのもシラカンバの特徴。ダケカンバの樹皮は、ベージュ色系で「ヘ」模様はない。葉はダケカンバの方が少し細長く、基部（柄の付け根）が湾曲していることが多い。

材については、評価はあまり芳しくない。それは、黒っぽい斑点や筋が木肌に現れる、割れが入りやすいなどの理由による。しかし、しっかり乾燥させれば硬めのいい材になる。裸地でどんどん生えて成長が早いので、材の活用をもっと考えてもいい木である。

左ページ：高さ10～20m、直径30～40cm程度の高木。全体的に白っぽい立ち姿が、林の中で目立つ。4～5月に雄花と雌花が開花。1：シラカバ材で作られた子宮がん検診棒と舌の検診棒（作：相富木材加工）。2：シラカバをロクロで挽いて仕上げたニマ（アイヌ語で器の意）（作：大崎麻生）。3：白い樹皮の中に、「ヘ」の字形の黒っぽい枝痕が、何か所もできているのが特徴。横向きの短い模様がある。皮は紙のように薄く剥がれる。4：葉は、下部がやや丸みを帯びた三角形。葉先は尖る。長さ5～8cm、幅4～7cm程度。単葉。長枝では互生し、短枝では2枚の葉が対生することが多い。縁は不ぞろいなギザギザの鋸歯がある。

スギ
杉

(051)

学名	*Cryptomeria japonica*
科名	ヒノキ科〔スギ科〕（スギ属） 常緑針葉樹
分布	北海道（南部）、本州、四国、九州（屋久島まで）
比重	0.30〜0.45

心材と辺材の境界はわかりやすい。心材は黄色味を帯びた赤褐色。辺材は白っぽい。木目は、ほぼ真っすぐではっきりしている。筍杢や笹杢などが現れることがある。切削加工や鉋掛けは容易だが、ロクロ加工はやりづらい。スギ特有の匂いがする。

051
スギ

建築材を中心に幅広く使われてきた、日本の針葉樹を代表する木

日本人に親しまれてきた針葉樹の代表的存在で、昔から各地で植林が盛んに行われてきた。有名な産地のスギには地名が冠され、秋田杉、天竜杉、北山杉、吉野杉、尾鷲杉、智頭杉、飫肥杉、屋久杉などと呼ばれる。気候、土壌、育林方法などの違いから、地域によって木目や色合いなどの材質に差が出る。天然林と人工林でも違いは顕著だが、現在、天然スギを見る機会は少ない。

材は柔らかく、木目が真っすぐで加工しやすい。乾燥も容易で扱いやすい。大木に成長するので大きな材もとれる。このようなことから、便利な有用材として様々な用途に用いられてきた。特に建築材として数多くの場所に使われている。柱、天井板、長押、床柱、床板、建具材など。その他にも、樽（日本酒、味噌、しょう油など）や曲げ輪っぱから集成材に至るまで、例を挙げていくときりがない。

立ち木はほぼ真っすぐに伸び、樹冠はおおむね円錐形をしている。赤味を帯びて縦に細く剥がれていく樹皮、先の尖った葉などのポイントを押さえておけば、スギは林の中でも判別できる。

左ページ：スギ板で施された天井。1：高さ30〜40m、直径1〜2mほどの高木。高さ50m以上に成長する木もある。屋久杉では直径5mを越える木も見受けられる。幹はほぼ真っすぐに伸びていく。3〜4月頃、雄花と雌花が開花。10〜11月頃、直径2cm前後の球果が熟す。2：樹皮は赤味を帯びた茶色系。縦に細かく裂けて帯状に剥がれる。3：葉はやや曲がった針形で、葉先は鋭く尖っており、触ると痛い。長さ1〜2cm程度。らせん状になって枝につく。4：北山杉の磨き丸太の床柱（撮影場所：旧安田楠雄邸庭園）。5：秋田杉の曲げ輪っぱの弁当箱。厚さ3〜4mmほどの板材を熱湯につけてから曲げる。材が重なった部分を留めているのはヤマザクラの皮。

109

052 セン
栓

別名	ハリギリ（針桐）（※植物名ではハリギリと呼ばれることが多い） センノキ、ニセケヤキ、アクダラ、テングノハウチワ
学名	*Kalopanax septemlobus*（別名：*K. pictus*）
科名	ウコギ科（ハリギリ属） 落葉広葉樹（環孔材）
分布	北海道、本州、四国、九州
比重	0.40〜0.69

ヌカセンの柾目　　　　　　　　　　　　　オニセンの板目

052
セン

心材と辺材の区別はつきにくい。全体的に白に近いクリーム色。環孔材の特徴がよく表れている木目で、大きい道管が年輪の周りに連なり、年輪がはっきりしている。年輪幅によって硬さの違いが出るので、木材関係者の間では材を区別してオニセン、ヌカセンと呼ぶ。オニセンは年輪幅が広く硬い（タモと同程度の硬さ）。ヌカセンは年輪幅が狭くて柔らかく（目の細かいケヤキと同程度の硬さ）、加工の際にサクサク削れる。匂いはどちらも感じない。

てのひらのような大きな葉、彫りの深い幹。森の中でも目立つ大木

様々な呼び名のある木で、センやセンノキの名は木材関係者の間で呼ばれる。立ち木では、ハリギリということが多い。枝には鋭いトゲがあるので、これを針に見立ててハリギリの名の一部とした。材の木目の雰囲気がケヤキに似ているので、ニセケヤキという通称もついた。春先の新芽はタラノキの芽と間違えられることがある。ただし苦味が強いので、地方によってはアクダラの名で呼ばれている。

　林の中ではかなり存在感がある。テングノハウチワ（天狗の葉団扇）という別名に表れているように、てのひらのような大きな葉。彫りの深いごつごつした樹皮。トゲのついた枝。これらの容姿から、他の木々と混じって生えていてもけっこう目立つ。

　材はおおむね程よい硬さで、加工性に問題はなく良材とされる。漆を塗るとケヤキそっくりだが、ケヤキには出ない縮み杢が現れる。材の中で、目の細かさと硬さの違いからオニセン、ヌカセンという材が存在する（*材の写真説明参照）。用途としては、家具材や化粧単板などに使われる。一時期、合板に大量に利用され、海外へセン・プライウッド（sen plywood）の名で輸出されていた。

1

2　3　4

左ページ：別名のテングノハウチワのイメージ通りの葉。てのひら形で、葉身だけで長さと幅のどちらも10～30cmくらいある。葉先は尖る。縁には細かいギザギザの鋸歯が並ぶ。単葉、互生。表面は光沢がある。葉を触ると、やや分厚く感じる。ぱっと見はカエデ類の葉と似ているが、カエデの葉は厚みを感じない。1：通常、高さ10～20m、直径40～50cmほどの高木。中には、高さ25m、直径1m以上に成長する木もある。7～8月頃、小さな黄緑色の花を多数つける。2：若木の樹皮には鋭いトゲがつく。成木になるにつれてトゲはなくなり、網目状や縦状の彫りの深い裂け目ができる。皮に厚みがあり全体的に荒々しさが感じられる。3：枝にはトゲが出ている。4：セン材を使用した下駄箱の扉（作：野崎健一）。

111

053

センダン
栴檀

別名	アフチ(楝)
学名	*Melia azedarach*
科名	センダン科(センダン属)
	落葉広葉樹(環孔材)
分布	本州(伊豆半島以西)、四国、九州、沖縄
比重	0.55〜0.65

環孔材の特徴がよく表れており、大きな道管が鮮明に見えて木目がはっきりしている。心材と辺材の境目はわかりやすい。心材は赤味がかった茶色、辺材は非常に狭くて白っぽい。ほどほどの硬さで、加工しやすい。杢が出ることがある。ビャクダンのような香りはせず、匂いは特に感じない。

053 センダン

暖地の海岸沿いに自生。材はインパクトのある強い赤味が印象的

センダンの名を聞くと、「栴檀は双葉より芳し」の言葉を思い浮かべる人が多いだろう。ただし、この栴檀というのは、香木のインド原産であるビャクダン（白檀、ビャクダン科）の別名を指す。センダン科のセンダンは、材や葉から匂いを感じることはない（花は少し香りがある）。

材の心材部分は赤味がかった茶色をしており、国産材としてはかなりインパクトのある色合いだ。センダンよりも赤味の濃いチャンチンと共に、寄木細工や木象嵌で赤を表現する部材として使われる（外材には、いくつか赤味の濃い木がある）。板材としてはちょうどよいくらいの硬さで加工しやすく、家具材や楽器材に利用されてきた。漆を塗るとケヤキに似るので、ケヤキの模擬材にもされていた。沖縄の海岸沿いにセンダンが数多く生えていることもあって、糸満の海人がセンダン製のウミフゾーという枕を兼ねたタバコケースを漁の際に持参していた。

葉は複葉で、ナンテンと共に、2～3回羽状複葉という日本の木ではめずらしい葉の付き方をしている。

左ページ：高さ7～15m、直径30～40㎝ほどの高木。高さ30m、直径1m前後の木もある。主に四国、九州、沖縄の海岸近くに自生。成長が早い木なので、九州などで早生樹として造林が試みられている。5～6月に小さな薄紫色の花が咲く。1：センダン材の指物の箱。2：センダンで作られた「ウミフゾー」（糸満海人工房・資料館所蔵）。沖縄・糸満の海人が使っていた水密性の高いタバコケース。小銭入れや枕としても使用。海に落としても沈まない。3：若木の樹皮（左）は濃い茶系の肌に、明るい色の細かい模様が入る。成木（右）は灰色系。縦に長い裂け目が入っていく。4：葉は日本の木ではめずらしい、2～3回羽状複葉というタイプ。小葉が対称的に羽のように対をなす羽状複葉が2～3回繰り返されている。小葉は先がやや細くなった楕円形。縁は粗い切れ込みが入る。長さ3～6㎝程度。

054 ソウシジュ
相思樹

別名	ソーシギ、ショーシギー、タイワンヤナギ、タイワンアカシア
学名	*Acacia confusa*
科名	マメ科（アカシア属）常緑広葉樹（散孔材）
分布	沖縄、小笠原諸島、フィリピンや台湾原産
比重	0.75

心材と辺材の境目がはっきりしている。心材は焦げ茶色、辺材はクリーム色。材質は硬く、油分は少ない。繊維質の材なので、木肌は滑らかではない。焦げたような、やや苦い感じの匂いをほのかに感じる。

054 ソウシジュ

葉に見えるのは葉ではない、特殊な木。材の焦げ茶色も独特

美しい名前に惹かれてしまう木だ。名前の由来は中国の春秋時代（紀元前8～紀元前5世紀）の男女の悲恋の故事による。元々はフィリピンや台湾が原産で、明治時代末期（1900年代初頭）、台湾から沖縄に植栽された。村落周辺の防風林としての役割と緑肥として活用するためだった。枝葉は緑肥としての価値が高い。現在、街路樹や公園樹として沖縄各地でよく見かけるが、野山でも繁殖している。根に根粒菌を有することから、痩せた林地の改良のためにも植栽される。

一見して細長い葉に見えるものは葉ではなく、実際は葉柄である。葉は羽状複葉タイプだが、芽を出して間もない時期に落ちてしまうという非常に特殊な木である。

材は比重0.75という数値が示すように重くて硬い。切削加工や鉋掛けの作業はやりづらい。それでも、独特の焦げ茶色を生かしてテーブルや椅子などの家具材に使われる。ロクロ加工では少し逆目を感じるが癖がないので、それほど抵抗感はない。木材はほとんど流通していない。

左ページ：高さ6～15mほどの常緑広葉樹。防風林や街路樹として沖縄でよく植えられている。幹や葉からいい香りを発する。4～5月頃、黄色い球形の花を多数つける。7～8月頃、豆果が褐色に熟す。1：樹皮は灰色系で、縦に浅い裂け目が入る。2：ソウシジュで作られた沖縄竪琴（作：てるる詩の木工房）。同工房では、伐採した木を1年ほど水に浸けてアクを抜いた後に乾燥させた、柾目の材を使用。そうすることによって、柔らかい音を奏でる竪琴に仕上がる。3：葉のように見えるものは、扁平した葉柄。本当の葉は、発芽して間もない時期や若い枝に見られることもあるが、見るチャンスは限られている。葉柄はヤナギの葉のように細長く、長さ6～11cm、幅5～8mm程度。互生している。

055

ソヨゴ
冬青

別名	フクラシバ、フクラ、ソメギ
学名	*Ilex pedunculosa*
科名	モチノキ科（モチノキ属）
	常緑広葉樹（散孔材）
分布	本州（関東地方以西）、四国、九州
比重	0.82

心材と辺材の区別はつかない。全体的に薄いクリーム色をしている。年輪は目立たない。木肌が緻密。材質は硬くて耐久性があり、加工もしやすい。これらの特性から、播州そろばんの珠に使われてきた。色味を生かして、象嵌にも用いられる。

055
ソヨゴ

葉が風にそよいで音を出す様子が、名の由来。材は重硬で木肌が緻密

西 日本の丘陵や山地の尾根などの乾燥した痩せ地でよく見かける。特に、アカマツ林の付近に多い。高さ10mを越える木もあるが、通常は3mくらいの低木がほとんどだ。同属のモチノキとは、葉や材の雰囲気が似ている。葉は、ソヨゴの方が細く尖った葉先で、縁がよく波打つので見分けがつく。

ソヨゴの名は、「やや硬めの葉が、風にそよいで音を立てる」様子が由来とされる。別名のフクラシバは、「葉を火にあぶると葉の中の水蒸気圧力で膨らむ」ことによる。一部の地方ではソメギとも呼ばれる。これは、葉を紅色の染料の素材に用いたことからきていると思われる。

材は比重数値が0.8台を示しているように、比較的重くて硬い。大木ではないので大きな材はとれないため、小さいものの用途に使われる。特に、兵庫県小野市周辺で作られてきた播州そろばんでは、白味の色合い、木肌の緻密さ、粘りのある硬さ、加工のしやすさなどが生かされ、珠の素材として重用されてきた。播州そろばんの業界では、ソヨゴの材のことを福良木と呼んでいる。

左ページ：葉は楕円形で、葉先は尖る。長さ4～8cm、幅2.5～3.5cm程度。単葉、互生。縁は滑らか（幼木で少しギザギザしていることがある）。縁の付近が波打っている場合が多い。表側は濃い緑色、裏側は黄緑色。表裏のどちらも無毛。1：通常は、高さ3m程度の低木が多い。中には、高さ10m、直径30cm前後まで成長する木もある。6～7月頃、白い小さな花が咲く。10～11月頃、直径5～8mmほどの赤い実が熟す。実には長い柄がつき、垂れ下がるのが特徴。2：樹皮は灰色系で、深い裂け目はなく平滑。縦に細かい模様が入っている。3：硬さ、耐久性、色味、緻密な木肌、加工性などにおいて、ソヨゴはそろばん珠の材として優れている。

117

056

タブノキ
椨

別名	タブ、イヌグス（犬楠）、タマグス
学名	*Machilus thunbergii*
科名	クスノキ科（タブノキ属）
	常緑広葉樹（散孔材）
分布	本州（関東・東北地方の海岸沿い、中部地方以南）、四国、九州、沖縄
比重	0.55～0.77

ベニタブ　　　　　　　　　　　　　　　シロタブ

056
タブノキ

交錯木理や縮み杢などの杢がよく出る。乾燥が難しく暴れやすい。クスノキに似た雰囲気の材だが、クスノキよりも硬く感じる。材の色に個体差があり、赤味を帯びた紅褐色の材をベニタブ（紅椨）、薄いベージュがかった色の材をシロタブ（白椨）という。ベニタブは油分を多く含んでいる影響で、時間が経つと赤味が濃くなり、クスノキとは異なる薬のような匂いがする。

枝を大きく広げて育つ常緑樹。樹皮は線香の原料として活躍

日本の照葉樹林を代表する木だが、常緑広葉樹としてはめずらしく、東北地方の海岸部まで生育する（南の暖地では山地や内陸部に生育）。枝を大きく横に張り出しながら成長する。関東地方から西日本にかけて樹高20m、直径1mほどの大木も見かけるが、一般にはタブノキの名はあまり知られていない。

有名でなくても、タブノキは昔から生活の中で地味ながら活躍してきた用途がある。その一つが線香の粘結材。タブノキの樹皮を粉末にしたもの（椨粉）と白檀などの香料を混ぜ合わせた後に固めて、線香がつくられる。椨粉に水分を加えて混ぜると粘りが出るという性質が利用されてきた。タンニンを多く含んでいる樹皮は、染料としての用途もある。八丈島の黄八丈と呼ばれる織の樺色（赤味を帯びた茶色）は、樹皮の煎じた汁を用いている。

板材としては、乾燥が難しく暴れやすいこともあり流通量は少ない。立ち木の状態ではわからないが、材になると色味の違う2タイプに大きく分けられる。赤味を帯びたベニタブ（または、アカタブ）と白っぽいシロタブ。ベニタブの方が良材とされる。

左ページ：朽ちかけたタブノキを、旋盤で挽いて仕上げた花器（作：中西洋人）。1：高さ15〜20m、直径50〜60cmほどの高木。稀に、直径1m以上の木もある。枝を大きく広げ、樹冠が大きい。4〜5月頃、新葉が出るのと同じ時期に小さな黄緑色の花をつける。7〜8月頃、黒紫色の果実が熟す。2：樹皮は褐色系で、比較的滑らか。ポツポツした模様が散らばる。樹皮を粉末にした椨粉が線香の原料になる。3：葉は楕円形〜細長い卵形。この写真ではわかりにくいが、葉先に近い方の幅が最大になる。長さ8〜15cm、幅3〜7cm程度。葉の先端は短く突き出るが、先端は鋭くない。縁にはギザギザがなく滑らか。単葉、互生。葉に少し厚みがある。表面はやや光沢があり、表裏とも無毛。

119

057

チャンチン
香椿

別名	ライデンボク（雷電木）、トウヘンボク（唐変木）
学名	*Toona sinensis*（別名：*Cedrela sinensis*）
科名	センダン科（チャンチン属）
	落葉広葉樹（環孔材）
分布	本州以南の暖地（庭園などに植栽）、中国原産
比重	0.53

057 チャンチン

木目がはっきりしている。心材と辺材の区別がつきやすい。心材は鮮やかな赤褐色、辺材は黄色味を帯びた白色系。心材の赤味はセンダンよりも強い。センダンの赤色にはムラがある。水に強く、耐久性がある。加工しやすく、仕上がりがきれい。ただし、乾燥時に割れやすい。特に匂いを感じない。

鮮烈な赤い材。美しい赤味を帯びた若葉。真っすぐに伸びる幹

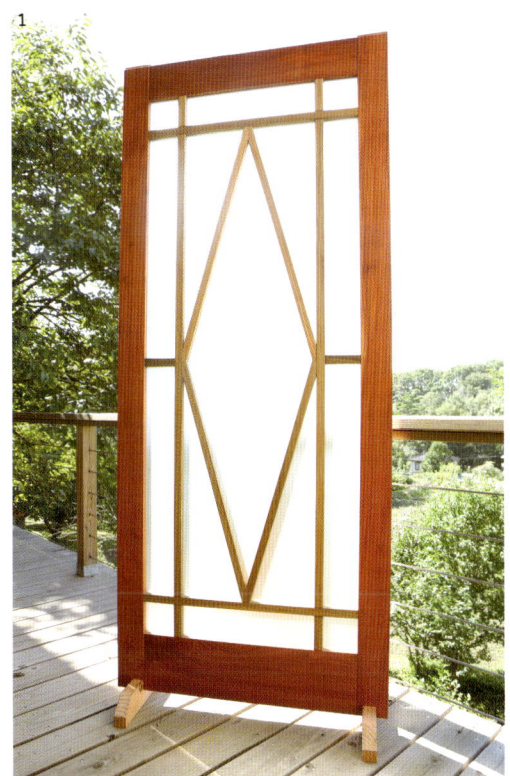

中国原産の木で江戸時代に渡来し（もっと古い時代に渡来したとする説もある）、各地の庭園などに植栽された。漢字名の香椿は中国語の名称で、ツバキとは関係ない。庭木として人気があるのは、春の芽吹きの時期に、若葉が赤紫色から淡い赤色に変化する様子を楽しめるからだ。

　成長が早く、短期間にほぼ真っすぐな大木に成長する。枝張りの範囲が狭い大木なので、落雷が多かったと思われる。このことが別名のライデンボクの由来だとされる。他にライデンボクと呼ばれる木には、キササゲやナナカマドなどがある。

　材は鮮やかな赤い色に特徴がある。同属のセンダンと材の雰囲気が似ているが、センダンの赤は少し弱く、色にムラがある。チャンチンの赤は強い。日本に生えている木としてこれだけの赤味を出せるものは希少である。材の赤味を生かした用途には、寄木細工や象嵌がある。色で変化をつけたい建築物の内装においても、貴重な材として用いられる。比重数値は0.5台で程よい硬さだが、センダンよりも少し柔らかい。

左ページ：通常、高さ15〜20m、直径30〜40cmほどの高木。高さ25m、直径80cm前後の木もある。6〜7月頃、白い小さな花が咲く。10月頃、果実（さく果）が熟す。1：枠にチャンチン材を用いた引き戸。内側の桟は神代ニレ。2：樹皮は灰色系で、縦に裂け目が入り薄く剥がれる。3：葉は、小葉が5対〜11対ほどつく羽状複葉タイプ。小葉は長細い楕円形で、長さ8〜10cm程度。縁は通常、ギザギザがない。ただし、非常に細かいギザギザが入る個体もある。春に出る若葉は淡い赤味を帯び、とても美しい。この若葉を観賞するために、庭木としてよく植えられる。

121

058

ツガ
栂

別名	トガ
学名	*Tsuga sieboldii*
科名	マツ科（ツガ属）
	常緑針葉樹
分布	本州（福島県以南）、四国、九州（屋久島を含む）
比重	0.45～0.60

058 ツガ

心材と辺材の区別がつきにくい。全体的に赤味を帯びた肌色をしている。成長が遅いので、年輪幅が狭い。年輪がはっきり見える。木目はおおむね真っすぐだが、節やアテが出るものもある。切削加工はやりづらい。ほのかに匂いを感じる。現在、材は希少となっている。

高級な良材として、「トガ普請」と呼ばれた邸宅建築に使われた

福島県以南の丘陵や山地に生育する。特に尾根筋から山の斜面などの乾燥地に多い。よく似ているモミは、ツガと一緒に生えていることが多いが、どちらかといえば谷筋などの湿った場所に分布する。

ツガの成長はゆっくりしているので、年輪幅が狭く木目は詰んでいる。したがって、針葉樹材としてはやや硬めで強度がある。柾目の良材は、木目が真っすぐで光沢もあるので高級建築材として重用されてきた。別名のトガは関西地方で呼ばれることが多く、京都などでは特にトガ材の評価が高かった。関西周辺の富裕層の邸宅建築では、柱、長押、鴨居、床柱などにトガがふんだんに使われ、そのような建物は「トガ普請」と呼ばれた。油分が少ないので大工や建具職人の間では"さくい"材とされ、鉋の刃をよく研がないと削れないと言われていた。

現在、建築材でツガといえばベイツガ（ウェスタンヘムロック T. heterophylla）のことを指すことが多い。針葉樹としては比較的硬く（スギより硬く、日本のツガよりは柔らかい）、加工しやすい。防腐処理した材が、住宅の土台材として多用されている

左ページ：大正8（1919）年に建設された旧安田楠雄邸（東京都文京区）の廊下。ツガ材が使われている。1：高さ20～25m、直径50～80cmほどの高木。直径1m以上になる木もある。丘陵や山地の尾根筋や斜面に生える。4月頃に開花。10月頃、長さ2～3cmの楕円形体の球果が熟し、枝から下向きにつく。2：樹皮は灰色を帯びた褐色系。縦長に粗く裂け目が入る。3：葉は扁平な線形で、葉先は少し窪む。長さ1～2cm、幅1.5～3mm程度。長い葉と短い葉が交互に柄につく。裏側に2本の白い気孔帯がある。モミの葉と似ているが、ツガの方がやや短く長さが不揃い。モミの葉先は尖っている。4：ツガが使われている長押（撮影場所：旧安田楠雄邸庭園）。

123

059 ツゲ
柘植、柘、黄楊

別名	アサマツゲ
学名	*Buxus microphylla* var. *japonica*
科名	ツゲ科（ツゲ属）
	常緑広葉樹（散孔材）
分布	本州（山形県・宮城県以南）、伊豆諸島（御蔵島、三宅島など）、四国、九州
比重	0.75

心材と辺材の区別はつきにくい。全体的にきれいな黄色。木肌が滑らかで目が細かく、非常に緻密。材質は硬く、暴れが少ない。切削加工や鉋掛けはやりづらいが、ロクロ加工では滑らかに挽ける。細かい彫刻にも多用される。匂いは特に感じない。

059
ツゲ

目が細かく滑らか。硬くて粘りあり。多くの優れた特徴を持つ有用材

材は日本の木の中でも非常に優れているので、昔から有用材として重用されてきた。硬い、緻密で滑らかな木肌、目が細かく暴れが少ない、粘りがある、仕上がりがきれいで光沢が出る、割れにくいなどの特徴がある。用途で有名なのが、櫛、将棋駒、印材。合成樹脂のない時代は、定規や機械部材などに重用された。材の産地で有名なのが、鹿児島県指宿市周辺と伊豆諸島の御蔵島。前者のツゲは薩摩ツゲ、後者は御蔵ツゲと呼ばれる。薩摩ツゲは櫛に使われることが多い。御蔵ツゲの用途は主に将棋駒である。

ツゲと名の付いた木や材がいくつかある。混同して使われている場合が多いので注意が必要だ。ツゲと雰囲気の似ているイヌツゲ (*Ilex crenata*) は、単にツゲと呼ばれることもあるがモチノキ科で別種である。ツゲの葉は、縁が滑らかで対生。イヌツゲの葉は細長く、互生しており縁に少数の浅い鋸歯がある。シャムツゲ (*Gardenia spp.*) はタイやインド産で、アカネ科に属しツゲとは別種。材は色や肌目の緻密さがツゲによく似ている。ツゲ同様に、櫛や印材などに使われる(材は安価)。

左ページ：薩摩ツゲでつくられた櫛。薩摩ツゲは成長の早いタイワンツゲ (*Buxus microphylla var. sinica*) が植栽されたものが多いといわれる。(下)御蔵ツゲでつくられた将棋駒。1：高さ2〜5mほどの低木が多いが、高さ10m、直径50cm前後まで成長する木もある。3〜4月頃、淡黄色の小さな花がつく。2：葉は卵形〜楕円形で、葉先は少し丸く窪む。長さ1〜4cm、幅6〜15mm程度。単葉、対生。縁にギザギザはなく滑らかで、表面に光沢がある。手触りはやや硬め(肉厚感のある革質)。3：樹皮は白っぽい灰色系。若木の時はほぼ滑らかで、樹齢を重ねると裂け目が入り、うろこ状の模様が出る。

125

060

ツバキ
椿、海石榴

別名	ヤブツバキ、ヤマツバキ
学名	*Camellia japonica*
科名	ツバキ科(ツバキ属) 常緑広葉樹(散孔材)
分布	本州、伊豆諸島、四国、九州、沖縄
比重	0.76〜0.92

木肌は滑らかで、目が細かく緻密。耐久性が高い。心材と辺材の境目がない。材色は個体差があり、白に近いクリーム色、象牙色、赤味がかった色など。匂いは特に感じない。切削加工や鉋掛けはやりづらいが、ロクロ加工は容易。乾燥時に割れが入ることが多い。大木に縮み杢が現れることがある。

060 ツバキ

良質な不乾性油がとれる実。硬くて木肌が滑らかな材

ツバキには極めて多くの栽培品種があるが、野生種はヤブツバキ(またはヤマツバキ)と呼ばれる。照葉樹林の代表的な木で、山地にも生えるが東北地方では海沿い地域に多い。

大木ではないので大きな材はとれないが、ツゲに似た材質のよさから各種の用途に使われる。比重が0.7以上なのでかなり重硬といえる(ツゲよりは柔らかい)。木肌が滑らかで、木目が非常に細かく緻密である。仕上がりがきれいで光沢も出る。ツゲがよく使われている、将棋駒、櫛、印材などに利用される。ただし、高級材のツゲに準ずる、二番手のツゲ代用材という位置付けになっている。

材よりも有名な用途は椿油だ。実から採れる油は、オリーブ油と並ぶ良質の不乾性油で、食用油、機械油、整髪料などに活用されてきた。伊豆大島が産地として有名。

北陸から東北地方にかけての日本海側(多雪地)に生育するユキツバキ(*C. rusticana*)は、ヤマツバキの変種という見方もあるが、別種とするのが一般的である。葉質が薄めで縁の鋸歯が鋭い点が、ヤマツバキとの見分けポイントとなる。

左ページ：高さ5〜10m、直径20〜30cmほどの高木。高さ15m以上、直径50cm前後に成長する木もある。山地から海岸近くまで幅広いエリアで生育。2〜4月頃、赤色の花が咲く(稀に、白色や薄い紅色)。1：樹皮はおおむね滑らかで、細かいシワのような模様が出ることがある。地衣類がつくことが多く、白っぽい灰色系、灰色を帯びた褐色系など様々な色合いになる。2：葉は楕円形で、葉先は尖る。長さ6〜12cm、幅3〜7cm程度。単葉、互生。表側には光沢が出ている。表裏どちらも無毛。縁に細かいギザギザの鋸歯がある。葉に厚みがあり、触ると硬く感じる。ツバキの名前の由来は、「厚葉木(あつばき)」からきているという説もある。3：自然木のツバキを彫ってつくられた印鑑。

061

デイゴ
梯梧

別名	デイコ、ディグ
学名	*Erythrina variegata*
科名	マメ科（デイゴ属）
	落葉広葉樹（散孔材）
分布	沖縄、奄美群島、小笠原諸島、インド原産
比重	0.21

ストローの集合体のようなスカスカした印象を受ける材。年輪はあまり目立たない。ベージュ色の地に黒い筋や点々が出る。乾燥に強いが、虫とカビはつきやすい。日本で最も軽くて柔らかい材。ロクロ加工する際は、刃物をよく研いでおかないと木地がボロボロになる。匂いは特に感じない。

061
デイゴ

沖縄を代表する木。材は日本で最も軽くて柔らかい

縄や小笠原諸島などに生育する落葉高木で、沖縄ではよく目にする。THE BOOMのヒット曲「島唄」の歌詞に登場するので、全国的に名前が知られている。枝ぶりがよく、街中や学校などで植えられるほか、防風防潮林としての役目も果たしてきた。インド原産だが、世界中の熱帯地方に生えている。

幹や枝のところどころに、太いトゲがあるのが特徴。春に咲く鮮やかな真っ赤な花が印象的で、沖縄の県花に指定されている。根粒菌（空気中の窒素を取り込み栄養に変える細菌）を共生させているので、痩せた土地でも生育できる。

材の比重は0.2前後で、日本の木の中ではキリと同様に、最も軽くて柔らかい。その軽さと狂いの少なさを生かして、昔から琉球漆器の木地に用いられてきた。大ぶりの漆器でも軽いので扱いやすい。漆のつきもよい。ただし、ロクロ加工は柔らかすぎてやりづらい。

近縁種で南米産のアメリカデイゴ（別名:カイコウズ E. crista-galli）は、関東地方以西に生育し、デイゴより樹高が低い（高さ2〜8m程度）。

左ページ：高さ10〜15mの高木で落葉する。横に広がる力強い枝ぶりに特徴がある。根の力が非常に強く、街路樹のデイゴの根が道路のアスファルトを盛り上げてしまうことがある。4〜5月頃、葉が出る前に鮮やかな深紅の蝶形の花が咲く。6〜8月頃、豆果が黒褐色に熟す。**1**：朱塗りの鉢（沖縄県工芸振興センター所蔵）。手に持った時に、見た目よりも軽く感じる。**2**：琉球漆器の椀木地（沖縄県工芸振興センター所蔵）。木肌の荒れたところには砂蒔地をして、木地を強くする。**3**：樹皮は灰色系で、縦に浅い裂け目が入る。**4**：葉は長い柄の先に3枚の小葉がつく（3出複葉という）。小葉は長さ8〜18cm程度。縁は滑らかで、葉先は尖る。

062 テリハボク
照葉木

別名	ヤラブ、ヤラボ、タマナ（小笠原諸島での呼称）、ビンタンゴール
学名	*Calophyllum inophyllum*
科名	テリハボク科〔オトギリソウ科〕（テリハボク属）常緑広葉樹（散孔材）
分布	沖縄、小笠原諸島、熱帯アジア原産
比重	0.64～0.71

目が細かく木目がきれいで、木肌に光沢がある。ほのかにピンクがかった茶色系の色合いをしている。これらの特徴に加えて強靭さや耐久性の高さが備わっているので、沖縄では上質な材とされてきた。ただし、逆目が出やすいため加工の際は慎重な対応が必要となる。

062 テリハボク

大きな楕円形で艶のある緑色の葉。日に当たった様子が名前になった

東　南アジアからマダガスカルに至るまで、熱帯・亜熱帯地方の広い地域に分布しており、沖縄や小笠原諸島には種子が流れ着いて生育していったと思われる。各地域で様々な呼び名があるが、大きな楕円形の葉に日が当たると艶のある緑色が映える様子から、日本ではテリハボク（照葉木）という何とも美しい名前が付けられた。葉は肉厚で、側脈がほぼ平行に並んでいるところに特徴がある。

種子から採れる濃い緑色の油は、海外では火傷や湿疹などの医療用や化粧品材料などによく用いられている。材は比重0.7前後と比較的硬い。強靭で耐久性に優れ、木目がきれいで光沢もある。逆目や節は多いが、沖縄では上質な高級材として評価が高く、道具類や家具材などに使われてきた。昔は指物や挽き物に重用され、色の雰囲気がシタンに似ているので琉球紫檀と呼ばれた。ただし、近年は材の流通がほとんどなく入手が難しい。

立ち木は防風林、防潮林、街路樹として沖縄各地で植えられ、特に海岸地帯などでよく見かける。風や潮に対してかなり強い。

左ページ：葉は大きめの楕円形で、表面は光沢がある。長さ15～20cm程度。葉先は丸く、縁は滑らか。革質で触ると厚みを感じる。葉の中央脈は太くて目立つ。中央脈から左右に出ている側脈が、ほぼ平行に並んでいるのが特徴。単葉、対生。1：沖縄・糸満の海人（うみんちゅ）と呼ばれる漁師たちが愛用していたタバコ入れ（マルフゾーという）（糸満海人工房・資料館所蔵）。蓋を閉めると、水が入らない密閉構造になっている。テリハボクは水にも強いことから、素材として使われた。2：高さ10～20m、直径80cmほどまで成長する。夏に香りのよい白い花が咲く（秋に咲くことがある）。3：樹皮はやや濃いめの灰色系。皮は分厚く、亀裂が入る。4：実は球形の核果（ウメのように、中心部に硬い核を持つ果実）で、核内に種子が1個入っている。11～12月に熟す。

063

トガサワラ
栂椹

別名	サワラトガ、マトガ、カワキ
学名	*Pseudotsuga japonica*
科名	マツ科（トガサワラ属）
	常緑針葉樹
分布	紀伊半島・大台ケ原山系、四国・魚梁瀬地方
比重	0.40〜0.59

心材と辺材の区別はわかりやすい。心材は淡い紅色系、辺材は黄色味を帯びた白色系。ツガよりも柔らかく（サワラよりは硬い）、切削加工はやりやすい。耐久性はあまり高くない。

063
トガサワラ

枝ぶりや立ち姿が美しい、地域限定でしか生えない希少な木

日本の固有種で、紀伊半島の大台ケ原山系と四国の魚梁瀬(やなせ)地方にのみ生育している希少な木。絶滅危惧種のリストにも入っている。トガ（ツガ）に似ている葉、サワラのような赤味がかった材（心材部分）ということから、トガサワラという名が付いたとされる。内陸部の日当たりのいい、乾いた急峻な尾根に生えるので、カワキやカワキトガとも呼ばれる。真っすぐに伸びる幹と水平方向に張り出す枝が織りなす颯爽とした樹形は、標高の高い尾根では目立つ存在だ。モミやトガと混生することが多い。

希少なので、材はあまり流通してこなかった。ただし、地元では建築材や器具材などに使われてきた。明治36（1903）年発行『大日本有用樹木効用編』（編著・諸戸北郎）の「とがさわら」の項には、「鐵道枕木ニ最モ適シ又建築材トナス」と記されている。明治時代に枕木に使用されていたとは興味深い。

トガサワラ属のダグラスファー（別名：オレゴンパイン *P. menziesii*）は、マツではないがベイマツの名で大量輸入され、住宅用建材として多用されている。強度があるので、梁などの構造材としての使用が多い。

左ページ：高さ25～30m、直径60cm～1mほどまで成長する。真っすぐに伸び、幹の下部と上部の太さはあまり変わらない。枝はほぼ水平方向に張り出す。日当たりのいい、乾いた痩せ尾根に生える。雌雄同株で、4月頃に開花。1：トガサワラ材が使われている、築30年以上の住宅の戸袋（雨戸を収納する場所、三重県大台町）。産地の地元では、建築材などの活用例を見かける。2：樹皮は褐色系。樹齢を重ねると、うろこ状の裂け目ができて剥がれやすい。3：葉は線形でやや扁平。葉先はほとんどが丸く、わずかに窪む場合もある。長さ2～3cm、幅1～3mm程度。葉は左右に開いて枝につく。ツガの葉と似ているが、長い葉と短い葉が交互に枝につく。4：トガサワラ材の壁板（トヨタ三重宮川山林事務所）。元は諸戸林業の事務所で、社長室の壁板に自社山林から伐り出されたトガサワラを用いた。

133

064 トチ
栃、橡

別名	トチノキ
学名	*Aesculus turbinata*
科名	ムクロジ科〔トチノキ科〕(トチノキ属)
	落葉広葉樹(散孔材)
分布	北海道(南西部)、本州、四国、九州(中北部)
比重	0.40〜0.63

心材と辺材の境目は不明瞭で、全体的に白に近いクリーム色をしている。年輪はわかりにくい。縮み杢、波状杢などが現れることが多い。板目材ではリップルマーク（さざ波状の模様）が出る。広葉樹としては柔らかく、切削加工はやりやすいが、ロクロ加工はよく刃を研がないとやりにくい。仕上がりはきれいで光沢が出る。

064
トチ

様々な杢が現れる材、貴重な食料だった種子、葉は大きなてのひら形

森の中や公園を歩いていると、葉先に近い側がやや膨らんだ、楕円形の葉が目に入ってくる。それはトチかホオノキの場合が多い。遠目には似たように見えても、この両者の葉には大きな違いがある。トチは、てのひら形の小葉が7枚前後つく複葉（掌状複葉という）で、縁に細かい鋸歯がつく。ホオノキは単葉が集まって枝先につき、縁が滑らかで鋸歯がない。街路樹に多い外国産の雑種ベニバナトチノキ（*A. ×carnea*）の葉は、掌状複葉だが鋸歯のギザギザに長短があり粗い。

材は広葉樹としては柔らかい。木肌は緻密で、絹のような光沢が出る。特徴は縮み杢などの杢が現れることで、光のあたる角度によっては妖しい雰囲気を醸し出す。最近、このような木の表情に人気が出ており、材の価格がケヤキよりも高くなる傾向にある。トチは切削加工や乾燥は容易だが、暴れやすく耐久性も劣る。そのため建築材にはあまり向いておらず、ケヤキより下のランクに位置付けされていた。用途は家具材、杢を生かした工芸品、漆器の下木地などが多い。種子は縄文時代から貴重な食料だった。

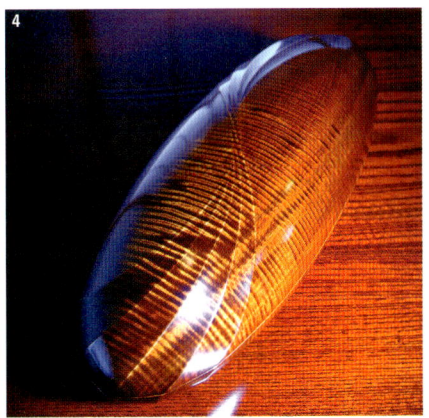

左ページ：拭き漆仕上げの器（作：山田真子）。トチの幻想的な木肌の表情が表れている。1：通常は高さ15～20m、直径50～60cmほどの高木。高さ30m、直径2m以上に成長する木もある。5～6月頃、円錐状の房のようになって（円錐花序）白い花をつける。9～10月頃、果実が熟し3裂した後に種子を落とす。2：若木の樹皮は灰色系で、縦に浅く裂ける。樹齢を重ねるにつれ、褐色を帯びていき波形の模様が出る。老木になると剥がれていく。3：葉は、大きな小葉5～9枚からなる複葉（掌状複葉という）で対生している。小葉の長さ20～40cm、幅5～12cm程度。小葉の先端は、細くなって尖る。縁は非常に細かいギザギザの鋸歯がある。ホオノキの葉も大きいが、単葉なので見分けがつく。4：栃拭漆流紋飾箱（作：宮本貞治）。第57回日本伝統工芸展「日本工芸会奨励賞」受賞作。

135

065 トドマツ
椴松

学名	*Abies sachalinensis*
科名	マツ科（モミ属）
	常緑針葉樹
分布	北海道
比重	0.32〜0.48

真っすぐな木目で、年輪がはっきりしている。心材と辺材の区別はつかず、全体的に白に近いクリーム色をしている。軽くて柔らかく、切削加工や鉋掛けはやりやすい。ロクロ加工には向いていない。モミと同様に、匂いは特に感じない。

065
トドマツ

北海道で最も多く生えているポピュラーな木。材はあらゆる用途に利用

エゾマツと共に北海道を代表する針葉樹。植林が盛んに行われてきたこともあって北海道で最も多く生えている木だ。本州以南には自生していない。マツ科に属するが、モミの仲間である。

材質は柔らかく木目が通っている。ロクロ加工には不向きだが、切削や鉋掛けなどの加工はしやすい。あまり保存性はよくないが、北海道では一般用材としてあらゆる用途に使われてきた。建築材料、土木用材、器具材、梱包材などから、桶や浴槽のようにそれほど適しているとは思えないものにまで使用された。クリスマスツリーや門松にも利用される。パルプやチップの材料としても、大量に消費されている。

道内の山地や林の中では、エゾマツなどの針葉樹、ミズナラなどの広葉樹と共に針広混交林を形成する。エゾマツとの見分け方は容易で、葉を触ってみるとすぐわかる。トドマツの葉先は丸いので、触っても痛くない。エゾマツは葉先が尖っており、触ると痛い。トドマツの球果（松ぼっくり）は上に向いて枝につく。熟して種子を散布すると球果はバラバラに分解してしまうので、松ぼっくりの形で地面に落ちない。

左ページ：葉は線形で、長さ2〜3cm程度。葉先は丸みがあり、わずかに窪む。手で触っても痛くない。樹皮は灰白色で、ほぼ滑らか。樹齢を重ねても裂けることはほとんどない。ただし、厳冬期、縦に長く凍裂することはある。1：高さ20〜30m、直径50〜80cmほどの高木。枝は水平方向からやや斜め上に向けて張り出す。おおむね三角錐のような樹形。雌雄同株で、6月頃に開花。2：トドマツを、柱（集成材）、フローリング（15mm厚）、テーブルやカウンター（3層パネル）などに使用しているカフェ「森の間カフェ」札幌市中央区。3：球果（松ぼっくり）は、長さ5〜10cm、幅2〜3cmの円柱形。上に向いて枝につく（エゾマツは垂れ下がる）。4：チップ材にまわされるトドマツを利用した、天削（てんそげ）割り箸。

066 ナンテン
南天

学名	*Nandina domestica*
科名	メギ科（ナンテン属）
	常緑広葉樹（放射孔材）
分布	本州（茨城県以西）、四国、九州、中国原産
比重	0.48〜0.72

直径数cmほどの木なので、大きな板材はとれない。黄色の色合いが印象的。横断面に切ると、木口の中心付近から放射組織が目立つ。ほのかに、やさしい匂いがする。

066
ナンテン

赤い実をつける、「難を転じる」縁起のいい木。材は黄色味が美しい

通常は高さ2〜3mほどで、幹も数cm程度しかない低木。古くから、「難を転じる」という語呂合わせから縁起のいい木として親しまれ、庭木や盆栽で観賞を楽しむ光景が見られる。元々は中国原産で、薬用植物として渡来したと考えられている。現在は、暖地の山地などに生育する。

ナンテンといえば、秋に熟す赤い小さな果実を思い浮かべる人が多いだろう（白や黄色の実もある）。この果実を乾燥したものは南天実（なんてんじつ）と呼ばれ、咳止めなどの薬用に用いられる。ナンテンの実や葉にはアルカロイドという成分が含まれている。これを多量に摂取すると知覚麻痺などを起こし有害だが、適度な摂取ならば鎮咳作用などに効果が出る。

幹の太い木（直径10cm前後）は、床柱として珍重されることがある。葛飾柴又の帝釈天題経寺客殿の「南天の床柱」が有名だ。材は黄色味が美しく、用途には、棗、香合（こうごう）、箸などがある。特に箸は南天箸の名で知られ、昔から食あたりを防ぐなどの効果があるといわれている。ただし、あまり実用的ではなく縁起物の箸と考えた方がいい。

左ページ：10〜11月、直径6〜7mmの赤い球形の果実が熟す。果実の中には、種子が通常2個入っている。実を乾燥させたものは薬用として利用される。白い実もある。実で作った丸い正月飾り「南天玉」は、郡上八幡（岐阜県）の特産品として有名。1：高さ2〜3mで、直径2〜3cmほどの低木。稀に高さ5m、直径10cm前後の木もある。5〜6月頃、白い花を多数つける。2：樹皮は褐色系。縦に裂け目が入る。3：葉は小葉が多数つく大型複葉（3回奇数羽状複葉というタイプ）。小葉は細長い菱形で、葉先は尖る。小葉の長さ3〜8cm、幅1〜2.5cm。葉全体の長さは50cm前後にもなる。4：南天箸。上の箸は漆が塗られている。実用的に使うというよりも、主に縁起物。市販の南天箸には、ナンテン以外の材が使われている場合が多い。

139

ニガキ
苦木

学名	*Picrasma quassioides*
科名	ニガキ科（ニガキ属）
	落葉広葉樹（環孔材）
分布	全国
比重	0.55〜0.70

目が詰まっており、年輪がはっきりしている。心材は温かみのあるきれいな黄色、辺材は少し黄色味を帯びた白色系。程よい硬さで加工しやすい。乾燥時の暴れは少ない。乾燥材ではほとんど匂わないが、加工時には苦味を感じる。

067
ニガキ

葉や樹皮などから感じる苦味と、材のきれいな黄色に特徴あり

立ち木を見るとあまり目立たない印象を受ける。しかし、ニガキは二つの大きな特徴を持っている。一つは、材の黄色い色合い。もう一つは、樹皮、葉、加工時の材など、木全体から苦味を感じること。特に苦味については、木の名前にもなっている。中国名では苦楝樹と書く。学名の*Picrasma*は、ラテン語の苦味という意味が語源である。このように、万国共通で苦い木として認識されている。要因はクワッシンという苦味成分を含んでいるからだ。この成分を利用して、胃腸薬などに利用されてきた。

黄色い材には、ウルシ、ハゼ、ナンテンなどがある。それぞれに黄色の雰囲気が異なる。ニガキの心材は、温かみのある少し薄めの黄色をしている。例えてみると、ミカンのような色。ウルシはレモン色に近い。この色味を生かして、寄木細工や象嵌の黄色を表現する部材に使われる。

葉や花はキハダと少し似ているが、見分けはつく。ニガキの葉の縁のギザギザが、キハダよりも目立つ。ニガキの樹皮は平滑だが、キハダはコルク質でごつごつしており、皮を剥ぐと内皮が黄色い。

左ページ：高さ10〜15m、直径30〜40cmほどの高木。雌雄異株で、4〜5月頃に黄緑色の小さな花を多数つける。9月頃、小さな楕円形の果実が熟す。1：ほぼ平らな樹皮の表面にポツポツした模様が入る。老木になると、縦に裂け目が入る。樹皮は薬用や染料に用いられた。薄く削って舐めると苦い。2：小葉が4〜6対ほどからなる複葉（奇数羽状複葉という）が互生している。小葉はやや長細い楕円形で、葉先は細くなって尖る。縁には細かいギザギザした鋸歯がある。葉をかじると強い苦味を感じる。3：寄木細工のコースターと小箱の黄色い部分に、ニガキが使われている（作：OTA MOKKO）。赤い部分はチャンチン。

068 ニセアカシア

別名	ハリエンジュ（針槐）
学名	*Robinia pseudoacacia*
科名	マメ科（ハリエンジュ属） 落葉広葉樹（環孔材）
分布	全国、北米原産
比重	0.77

心材と辺材の境目はわかりやすい。心材は緑褐色、辺材は黄白色。材質は硬くて粘りがあり耐久性がある。切削でもロクロでも加工しづらい。石灰を含んでいる材や道管に細かい砂のようなものが入り込んでいる木があり、刃物を傷めることがある。匂いはあまり感じない。

068
ニセアカシア

成長が早く荒れ地でも成長する外来種。材は刃物を傷めやすいのが難

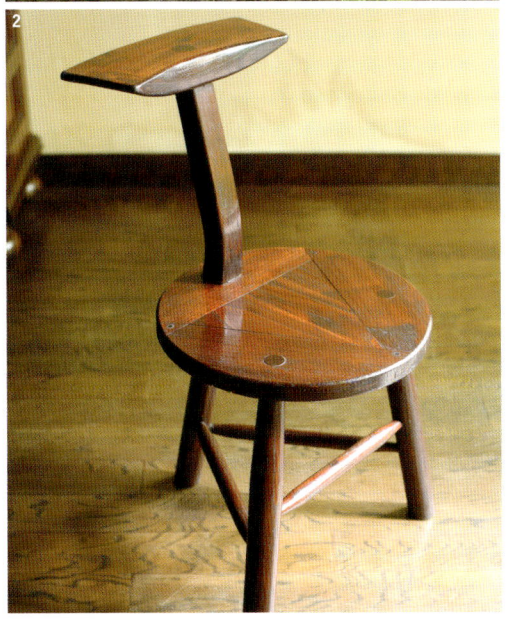

北　米原産の外来種で明治時代初めに輸入され、各地の街路や公園に植栽された。明治4（1871）年には札幌農学校に、その数年後に日比谷公園で植えられた。成長が早いので街路樹向きだが、横枝の伸びが早く剪定をこまめに行う必要がある、根の張りが浅く強風で倒れやすいという欠点もある。そのため、最近では街路樹としての植栽は減る傾向にある。

近年、各地でニセアカシアの分布拡大が問題になっている。ニセアカシアは乾燥地などの条件の悪い場所でも生育し、根粒菌を持っているので窒素固定して土地改良ができる。これらの性質を生かして、荒れ地や海岸の緑化目的でも植えられた。それらが繁殖し、在来種を脅かす地域が増えている。

材は硬くて強く粘りがあり、耐久性にも優れている。しかし、加工しづらいこともあり木材はあまり流通していない。有効利用されているのは、香りのいい花の蜜。上質の蜂蜜がとれる蜜源植物である。

マメ科アカシア属のアカシア（*Acacia* spp.）とは属が異なる。別名のハリエンジュは、葉がエンジュに似ていることから付けられた和名。

左ページ：5〜6月、小さな白い花を多数つける。香りがよく、ミツバチが集まる。（下）若木の樹皮にはトゲがあるが、成木ではなくなり、不規則に深く裂ける。皮は厚めで、やや弾力がある。1：高さ10〜20m、直径30〜40cmほどの高木。直径1m近い木もある。2：1980年代に松本民芸家具創業者の池田三四郎が考案したコンベンションスツール（撮影協力：松本民芸家具）。背がテーブルとして使えるなど、3通りの座り方が可能。家具に使われることが少なかったニセアカシアで椅子製作を始め、販売も好調だったが、刃物が傷むので製作は10年ほどで終了した。3：小葉が3〜10対ほどつく奇数羽状複葉（葉全体では、先端の葉を加えて小葉数7〜21枚ほど）。小葉は対生、葉は互生。小葉は小判形で、長さ2〜5cm程度。縁は滑らか。イヌエンジュやエンジュの葉に似るが、それらよりも葉に丸みがあり、葉先がほんのわずか窪む。

069

ニレ
楡

別名	ハルニレの別名：エルム（elm）、アカダモ
学名	*Ulmus davidiana* var. *japonica*（ハルニレ） *U. laciniata*（オヒョウ） *U. parvifolia*（アキニレ）
科名	ニレ科（ニレ属） 落葉広葉樹（環孔材）
分布	北海道、本州、四国（一部）、九州（一部）
比重	0.42〜0.71（ハルニレ）

| 板目 | 柾目 |

心材と辺材の区別は明瞭。心材はやや赤味がかったクリーム色で、辺材は白っぽい。木肌に光沢は出ない。ヤチダモと同程度の硬さで粘りもあるが、暴れやすい。切削でもロクロでも、加工しやすくはない。柾目面に独特の斑模様が出ることがある。ほのかに、くさく感じる匂いがする。

069
ニレ

材は暴れやすいが、強度があり粘り強い。樹木はエルムの名でも親しまれる

ニレ属にはアキニレやオヒョウも属するが、一般的にニレと呼ぶ時はハルニレのことを指す。名前の通り、春に花が咲くのがハルニレ（春楡）、秋に花が咲くのがアキニレ（秋楡）。ニレの名で流通している材は、ハルニレが主であるがオヒョウも混じっている場合がある。木材業界では材をアカダモとも呼ぶことがあるが、タモとは全く関係なく別種である。

材質はわりと硬くて粘りがあり割れにくい。しかし、暴れやすく安定性に欠ける面があり加工もやりづらい。ケヤキに似た木目をしており、ケヤキやタモなどの代用材に使われるが材の評価はやや低い。それでも、大木なので大きな材がとれ、テーブル天板などの家具材によく使われる。

北海道などの山地によく生えているオヒョウは、葉に特徴がある。葉先の方に切れ目の入った葉は、角が生えているように見える。森の中で識別しやすい。ただし、切れ目の入っていない葉もある。オヒョウの樹皮は、昔から繊維の材料として活用されてきた。アイヌの人たちは、樹皮を茹でて天日で干した後に細く裂いて製糸し、アツシと呼ばれる織物を編んだ。

左ページ：ニレ材のテーブル（作：谷進一郎）。天板は240×82×厚み6.5cm。1：ハルニレ（写真2、3も同）。高さ20〜25m、直径50〜60cmほどの高木。高さ30m、直径1m以上に成長する木もある。各地で生育するが、北海道には大木が多く英名のエルムも浸透している。3〜5月、新葉が出る前に開花。5〜6月、翼のある果実が熟す。2：樹皮は灰色系で、縦に細かい裂け目が入る。樹齢を重ねていくと、不規則なうろこ状に剥がれていく。3：葉は左右非対称の楕円形で、葉先は細くなって尖る。長さ3〜15cm、幅2〜8cm程度。単葉、互生。縁には大小のギザギザした鋸歯がある（重鋸歯という）。表面には細かい毛が生えており、触るとざらついている。4：オヒョウの切れ込みが入った葉。ユニークな形をしているので、森の中でも目立つ。切れ込みのない葉もある。

145

ネズコ
鼠子

別名	クロベ（黒檜）
学名	*Tsuja standishii*
科名	ヒノキ科（ネズコ属）
	常緑針葉樹
分布	本州（北部から中部、主に中部山岳地帯）、四国
比重	0.30〜0.42

木目はほぼ真っすぐで、年輪がはっきり見える。心材と辺材の境目は明瞭。心材は少しくすんだ焦げ茶色系で、時間が経つと黒ずんでいく。神代杉に似た雰囲気がある。辺材は薄めのクリーム色。材質は柔らかく、収縮率が低く暴れにくい。匂いはほとんど感じない。

070 ネズコ

和風建築の内装や建具に多用されてきた材。木目も幹もほぼ真っすぐ

木 曽五木の一つで山地の尾根筋などに自生し、湿潤な湿地帯でも生育する。全体的にヒノキに似ているが、樹皮や葉を観察すれば見分けはつきやすい（*写真説明参照）。幹はほぼ真っすぐで、下部と上部の太さがあまり変わらない。枝はほぼ水平方向から斜め上に張り出す。

材はスギと同程度の柔らかさで、収縮率が低く、ほとんど暴れない。切削や鉋掛けなどの加工は容易で耐久性も高いので、和風建築の天井板、長押、腰板や天井に施す網代、障子やふすまの枠などの建具に重用されてきた。神代杉に似た材の落ち着いた色合いも好まれ、和机や茶箪笥などの和家具にも用いられる。ただし、柔らかい材なので構造材には向いておらず、ロクロ加工もやりづらい。東北地方では、蒸籠（せいろ）などの曲げ物によく使われた。

明治時代から輸入されている北米産のベイスギ（ウェスタンレッドシーダー T. plicata）は、スギの名が付けられているが、スギではなくネズコ属に属する。軽くて耐久性や耐水性が高く、住宅の内装材として多用されている。

左ページ：引き戸に使われているネズコの網代（薄板を編んでいる）。くすんだ色合い、耐久性の高さ、加工性のよさなどから、ネズコは和風建築の内装に重用される。1：高さ25～30m、直径40～60cmほどの高木。枝はほぼ水平方向に張り出し、枝先は上を向いて伸びる。5月頃に開花。開花した年の秋に、長さ1cm前後の小さな球果が熟す。2：樹皮は褐色系で、比較的滑らか。縦に薄く長く剥がれていく。ヒノキの剥がれ幅よりも狭い。3：幅2～3mmの葉がうろこ状に重なり合っている。葉先は尖っていない。ヒノキの葉に似ているが、大きな違いは葉の裏の気孔帯があまり目立たないこと（ヒノキはY字形で目立つ）。ヒノキよりもやや肉厚で、葉をちぎっても強い香りはしない。

071

ネズミサシ
杜松、鼠刺

別名	ネズ、ムロ（榁、檁）
学名	*Juniperus rigida*
科名	ヒノキ科（ビャクシン属、ネズミサシ属） 常緑針葉樹
分布	本州、四国、九州
比重	0.55〜0.65

心材と辺材の区別は、わりとはっきりしている。心材はやや赤味がかっており、辺材は少し黄色味を帯びた白色系。経年変化で濃い飴色になっていく。肌目は緻密で光沢がある。針葉樹としては重くて硬く、耐久性が高い。樹脂分が多く、水や湿気にも強い。木材や建具の関係者は、材をネズやムロと呼ぶ人が多い。

071 ネズミサシ

鋭く尖った葉先が、そのまま名前になった。材は針葉樹としては重硬

何ともユニークな名前だが、これは葉の形状から命名された。針形をしている葉は、硬くて先が針のように鋭く尖る。小枝をネズミが出入りする穴や通り道に置いて、ネズミを刺して通れなくするために用いたという。古くは、ムロやムロノキと呼ばれた。『万葉集』には、鞆の浦（広島県福山市）のムロノキを詠んだ歌がある。ネズミサシは山地の尾根や痩せ地にも生えるが（アカマツ林に多い）、瀬戸内海沿岸などの海に近い土地にも生育する。

針のような形状以外に、葉には大きな特徴がある。葉の付き方が三輪生していることだ。一カ所から、3本の葉が違う方向に向かって出ている。この形態は他の針葉樹にはあまり見られない。

材の比重が0.5〜0.6台なので、針葉樹の中では重硬な部類に入る。樹脂分を多く含み、耐久性・保存性に優れる。木肌は緻密で光沢もある。このように良材の条件を備えているが、それほど多く生えている木ではないので木材の流通は少ない。昔は、水にも強いことから、建築土台や船具にも使われた。きれいな色味を生かした床柱にも利用されてきた。

左ページ：床柱に使われているネズミサシ。現在、板材としてはあまり流通していないが、変木として和風建築に使われることがある。1：高さ5〜6m、直径20〜25cmほどの小高木。高さ10m、直径1m近くまで成長する木もある。日当たりのいい岩石地や痩せた土地に生えることが多い。雌雄異株で、4〜5月頃に開花。球果は、翌年または翌々年の秋に熟す。2：樹皮はヒノキに似ており、縦に長く裂けて剥がれていく。ヒノキよりは剥がれ幅が少し狭い。3：葉は硬くて先が鋭く尖った針状なので、触ると痛い。この葉の形状が名前の由来となった。長さ1〜2.5cm程度。3本の葉が同じ場所から3方向に広がって生える（三輪生という）。近縁種のハイネズ（*J. conferta*）はこの形態だが、他の針葉樹ではあまり見られない大きな特徴。

072

ハゼノキ
黄櫨、櫨

別名	ハゼ（※木材ではハゼと呼ぶことが多い）、リュウキュウハゼ、ロウノキ
学名	*Toxicodendron succedaneum*（別名：*Rhus succedanea*）
科名	ウルシ科（ウルシ属）落葉広葉樹（散孔材*）
分布	本州（関東地方以西）、四国、九州、沖縄
比重	0.72

*環孔材のような道管配列を示す個体もある。

心材の鮮やかな黄色が印象的。辺材は白っぽい。年輪はわりとはっきりしている。乾燥が難しく収縮率が大きい。割れが入ることがある。ほのかに弱い酸味を感じる匂いがする。近年、弓用のいい材を入手するのに、弓具職人は苦労しているようだ。

072
ハゼノキ

弾性のある黄色い材と蝋質の果実は、昔から特殊な用途に使われてきた

元々、ハゼノキは東南アジアや中国に生えていた木で、室町時代以降に渡来したといわれる（渡来時期には諸説ある）。近縁種のヤマハゼ（T. sylvestre）は、日本に自生していた。ハゼの名のつく材は、この2種が混ざって流通していることが多い。

一般にはあまり知られていないが、ハゼノキはいくつかの特殊な用途に使われてきた有用樹である。まず一つは、果実から採取する木蝋。江戸時代から暖かい地方で植栽され、和蝋燭の原料となった。大正時代から昭和初期にかけてが、木蝋生産の最盛期だった。蝋燭だけではなく、医療品や鬢つけ油などの化粧品類の素材としても多用された。

二つ目は、和弓の部材。ハゼ材は、比較的硬いがわりと軽い、弾性に優れており反発力があるという特性を有する。竹の部材にはさむようにして使われる。「ハゼを曲げても、ほぼ元通り真っすぐに戻る。他の木ではそうはいかない。竹はバネの役目を果たし、ハゼは適度なブレーキを効かせる」（弓具店）

三つ目は黄色を生かしての寄木細工や象嵌の部材。ウルシやニガキと共に黄色を表現する際に使われる。

左ページ：ハゼは、昔から和弓の部材に使われてきた。内竹と外竹の間にはさまれた側木（そばき）には、弾性のあるハゼが最適とされる。弓の両端にある関板と呼ばれる箇所にもハゼが使われることが多い。上の写真は上関板（うわせきいた）の部分。1：高さ5〜10m、直径20〜30cmの高木。直径60cm前後まで成長する木もある。5〜6月、黄緑色の小さな花を多数つける。9〜10月、直径1cm前後の少し扁平した球形の果実が熟す。2：葉は4〜8対ほどの小葉からなる複葉（奇数羽状複葉という）。小葉は長細い楕円形で、先が細長くなって尖る。縁は滑らか。表面も裏も無毛。近縁種のヤマハゼには毛が生えている。3：若木の樹皮は、わりと滑らかで細かい模様が目立つ。その後、縦に裂け目が入り、老木（写真）では網目状に裂けていく。

151

073 バッコヤナギ
ばっこ柳

別名	ヤマネコヤナギ（山猫柳）、サルヤナギ
学名	*Salix caprea*（別名：*S. bakko*）
科名	ヤナギ科（ヤナギ属）
	落葉広葉樹（散孔材）
分布	北海道（南西部）、本州（近畿地方以北）、四国（山地帯）
比重	0.40〜0.55

年輪は比較的はっきりしており、目は詰んでいる。心材と辺材の区別は、ほぼ明瞭。心材は白に近いクリーム色で、辺材はもっと白っぽい。乾燥は比較的容易で割れにくい。耐久性は高くない。匂いは特に感じない。

073 バッコヤナギ

まな板によく使われる、白っぽく柔らかい材。花はネコヤナギに似る

学 名にbakkoが付けられているが、このバッコの意味は諸説あって確定できない。東北地方で牛を意味するベコに由来する説などがある。別名のヤマネコヤナギは、山に生えるネコヤナギに似た木という意味から付いた。似ているのは、穂のように見た目がふわふわした形状。ネコヤナギは高さ3mほどの低木なので（バッコヤナギの方が背が高い）、立ち木からでも何となく両者の見分けがつく。

　日本のヤナギ属の木は数十種あるが、ヤナギという名で流通している材は何種類かのヤナギが混ざっていることが多い。その中で、バッコヤナギがかなり多く占めていると思われる。

　ヤナギの材は軽くて柔らかい。その柔らかさを生かした用途で代表的なのが、まな板である。まな板に最もいい材はネコヤナギだとよくいわれる。しかし、ネコヤナギは小径木でまな板にできるような大きな材はとれない。バッコヤナギと混同されて、そのような評判になったと思われる。バッコヤナギも、大きな材の入手は難しくなっている。

左ページ：高さ3～10m、直径5～30cmほどの高木。高さ15m以上、直径50～60cmまで成長する木もある。3～5月頃、葉が出る前に開花。花はネコヤナギと似る。5～6月、果実が熟す。1：若木の樹皮（写真）は灰色系で平滑、細かい模様がつく。成木から老木になると、縦に浅く裂け目が入る。2：葉はやや細めの楕円形で、葉先は尖る。長さ5～15cm、幅3～4cm程度。単葉、互生。縁は波状の鋸歯があるタイプと滑らかなタイプがある。表面は無毛で、裏面には縮れた白い毛が密生する（幼木は無毛）。3：北海道産バッコヤナギのまな板。まな板の材としては、イチョウと共に人気がある。

153

ハンノキ
榛の木、榿の木

別名	ヤチハンノキ、ハリノキ
学名	*Alnus japonica*
科名	カバノキ科（ハンノキ属） 落葉広葉樹（散孔材）
分布	北海道、本州、四国、九州（北部）
比重	0.47〜0.59

074
ハンノキ

心材と辺材の区別はつきにくく、全体的にオレンジがかったピンク色をしている。年輪がはっきり見えない。木肌は緻密。斑が出ることがある。特にフローリング材などで、集合放射組織による斑がよく現れる。切削加工や鉋掛けは難しくない。ロクロ加工は挽きやすいが、ていねいに作業しないときれいに仕上がらない。匂いは特に感じない。

荒れ地や湿地など、条件の悪い土地でも生育できる木

　ハンノキ属の木は、日本に10数種ほど生育している。いずれの木も、痩せ地や湿地などの条件のよくない場所で生育できる。その理由は、マメ科植物の多くが持っている根粒菌を、カバノキ科の植物であるにもかかわらず、根に形成した根粒の中で共生させていることによる。根粒菌は空気中の窒素を取り込み、自前で土地改良をすることができる。

　同属の代表的な木であるハンノキは、河川流域や湖畔や低湿地などに多く生える。一方、ケヤマハンノキ（*A. hirsuta*）やヤマハンノキ（*A. hirsuta var. sibirica*）などは、その名の通り山地や丘陵に生育する（渓流沿いなどに多い）。ハンノキとケヤマハンノキとは、葉を観察すれば見極められる。

　ハンノキの名のつく材は、これらが混じって流通していることが多い。材質はまずまずの硬さかやや柔らかめで、木肌は緻密。切削加工も問題ない。成長が早く悪い条件の中でも育つ木で、そんなに悪くはない材であるが（大きな特徴はない）、木材の流通量はあまり多くない。同属の北米産アルダー（*A. rubra*）は日本に輸入され、建築材や合板の芯材に使われている。

左ページ：ハンノキは湿潤な土地を好み、河川沿いや湖畔周辺などに多く生育する。高さ10～20m、直径40～60cmほどの高木。開花時期は北海道などの寒冷地では3～4月頃、暖地では11月頃。葉が出る前に開花する。1：ハンノキを使った学校校舎のフローリング（北海道・弟子屈中学校）。2：樹皮は灰褐色で、縦に不規則な裂け目ができる。老木になると裂け目が深くなり剥がれる。3：ハンノキの葉。長細い楕円形で葉先は尖る。縁は不ぞろいな浅い鋸歯がある（あまり目立たない）。長さ5～13cm程度。単葉、互生。4：ケヤマハンノキの葉。ほぼ円形。縁は不ぞろいな大小の山形をした鋸歯がある。表面の側脈は浅く窪んでいる（裏面は逆に浮き出ている）。長さ6～15cm程度。単葉、互生。5：ハンノキの漆仕上げの器「ユニボウル」（作：大石祐子）。

ヒイラギ
柊、疼木

学名	*Osmanthus heterophyllus*
科名	モクセイ科（モクセイ属）
	常緑広葉樹（紋様孔材）
分布	本州（関東地方以西）、四国、九州、沖縄
比重	0.93

心材と辺材の境目がはっきりせず、全体的にやや黄色味を帯びた白色系。木目はほぼ真っすぐで、木肌は緻密。小径木で大きな材はとれないが、重硬で強靭さがあり、あまり暴れない。

075 ヒイラギ

葉の大きな切れ込みと棘（とげ）が印象的。材は特殊な用途で活躍

縁に大きなギザギザがあって先端には鋭い棘がつき、表面に光沢のある葉。木に詳しくない人でも、ヒイラギの葉はイメージしやすいだろう。この形状は若木から成木にかけての葉で、老木になると、ほとんどの葉は縁の切れ込みがなくなり滑らかになる。なお、クリスマスリースなどに使う赤い実のついたヒイラギは、セイヨウヒイラギ（*Ilex aquifolium*）。日本産ヒイラギとは異なりモチノキ科に属す。

葉の鋭い棘は邪気を払うとされる。昔から様々な風習が生まれ、魔除けの儀式が行われてきた。有名な風習の一つに、節分にイワシの頭をヒイラギの枝に挿して戸口にかけておく邪鬼除けがある。

材は比重が0.9台で、かなり重硬だ。木肌は緻密で、粘りがあって暴れが少ないという性質を有する。大きな材はとれないので、小さな道具類に材質の特徴を生かして利用されてきた。例えば、そろばん珠は、白っぽい色味は目が疲れにくいということから素材に使われた。三味線の撥（ばち）にも用いられ、「浄瑠璃ものを、ヒイラギの撥を使って三味線で弾くと音色が合う」（三味線製作者）という。

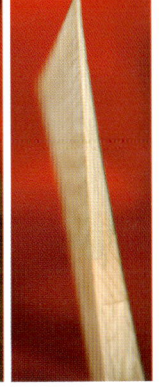

左ページ：若木や成木の葉は、大きな切れ込みが縁にいくつか入っている（3〜5対ほど）。山の部分の葉先には鋭い棘があり、触ると痛い。葉に厚みがあり、表面に光沢が出る。単葉、対生。1：高さ3〜8m、直径10〜20cmほどの常緑樹。高さ10m以上、直径30cm以上の木もある。11〜12月、香りのいい小さな白い花がつく。翌年の6〜7月、黒紫色をした長さ1.5cm前後の楕円形の果実が熟す。2：樹皮は灰白色で、小さな円形の模様が入り細かくひび割れしたようになる。老木では、縦や網目状に裂け目ができ剥がれていく。3：老木になると、ほとんどの葉の縁が滑らかになる。4・5：ヒイラギが使われている三味線の撥（弦をつま弾く、先の部分）。持ち手の材はカシ。手前に置いてあるのはホオ材の鞘。現在、プラスチック製の撥が増えている。最近はヒイラギの材はあまり流通していないので、木製の撥はカシ製が多い。

157

076

ヒノキ
檜、扁柏

学名	*Chamaecyparis obtusa*
科名	ヒノキ科（ヒノキ属） 常緑針葉樹
分布	本州（福島県以南）、四国、九州（屋久島まで）
比重	0.34～0.54

板目　　　　　　　　　　　　　　　　　柾目

心材と辺材はあまりはっきりしていない。心材は黄味がかった白色系。ヒノキ特有の強い香りを感じる。天然林材は総じて木目が細かい。スギに比べて成長速度が1.5倍ほど遅いので、材価が高くなる。タイヒ（台湾檜）は、樹脂分が多く匂いが強い。

076
ヒノキ

国産針葉樹材の代表格。法隆寺や東大寺もヒノキで建てられた

スギと共に日本の針葉樹の代表格。古くから良材として扱われ、様々な用途に大量に使われてきた。そのため植林が各地で盛んに行われ（吉野、尾鷲、天竜など）、人工造林面積はスギに次いでいる。

最高級の建築材として、飛鳥時代や奈良時代に建立された寺院の随所に使われている（法隆寺、東大寺、唐招提寺など）。平安から鎌倉時代にかけては、仏像の素材によく用いられた。その後、伊勢神宮や能舞台のような特別な建築物から、建具、葬祭具、漆器木地、桶などの日常道具に至るまで幅広いシーンで活躍してきた。材質は、産地や天然林か人工林などで個体差が出る。天然林材の木曽ヒノキの木目はかなり細かい。ほぼ共通しているのは、上品な色味、耐久性に優れ水に強い、暴れが少ない、加工しやすい、仕上がりがきれいで光沢が出るなど。樹皮は檜皮葺の名で、建物の屋根葺きの材料とされた。

他の針葉樹との見分け方は、樹皮と葉を観察すれば、おおよそ見当がつく。樹皮は赤っぽい色味と幅広の皮が縦に長く剥がれていく。葉はうろこ状で、裏側にＹ字形の白い気孔線が入っている。

左ページ：ヒノキが使われている、唐招提寺本堂の柱を再現した原寸大模型（竹中大工道具館）。1：高さ30〜40m、直径60㎝〜1mほどの高木。幹は真っすぐに伸びる。スギほど大きくならない。サワラに比べて、樹冠の付近は枝などが密集している印象を受ける。雌雄同株で、4月頃に開花。10〜11月、直径1㎝前後のほぼ球形の球果が熟す。2：樹皮は明るい赤味がかった茶色。縦に粗く裂けて剥がれる。裂け幅は、スギやサワラより広い。樹齢を重ねるにつれ、長い帯状になって剥がれる。社寺などの屋根葺きによく使われた。3：葉はうろこ状で、葉先は尖っていない。長さ1〜3㎜程度で短く、うろこ状の一つが1枚の葉。葉の裏の気孔帯がＹ字形になっているのが特徴。サワラはＸ字形または蝶形。4：木曽ヒノキの桶（作：桶数）。

159

077

ヒバ
檜葉、椙

別名	アスナロ（翌檜）、ヒノキアスナロ
学名	*Thujopsis dolabrata*（アスナロ）
	T. dolabrata var. *hondai*（ヒノキアスナロ）
科名	ヒノキ科（アスナロ属）
	常緑針葉樹
分布	アスナロ：本州、四国、九州
	ヒノキアスナロ：北海道南部〜本州北部
比重	0.37〜0.52

心材と辺材の境界は不明瞭で、全体的に黄味がかったクリーム色。年輪がはっきり見えない。ほぼ真っすぐな木目で、目が詰んでいる。針葉樹なので柔らかいが、スギよりは硬い。耐久性や耐水性に優れる。切削でもロクロでも加工しやすい。ヒノキチオールの強い匂いがする。昔から東北や北陸地方では建築材として重用されており、平泉の金色堂はヒバ材が大量に使われている。外材のベイヒバは、本名がイエローシーダーでヒノキ属。ヒバとは別属。

077
ヒバ

耐久性が高く水にも強い、針葉樹の良材。アスナロの名でも知られる木

ヒバという名称は、いろいろな意味を含むので整理しておきたい。材名でヒバと呼ぶ場合は、アスナロとその変種のヒノキアスナロの両者の材をまとめて指していることが大半だ。青森のヒバ産地の業者が地元産を強調したい時は、あえて青森ヒバと呼ぶ（この材は主にヒノキアスナロ）。立ち木では、ヒノキアスナロとヒバはほぼ同じ木のことを指し、能登半島で育っているヒノキアスナロはアテとも呼ばれる。ただし、アスナロの立ち木でも別称としてヒバと呼ぶことが多い。さらにややこしいことに、地方によってはヒノキやサワラをヒバということがある。

材は柔らかいが、良材の条件がそろっており昔から有用材として扱われてきた。ヒノキより劣るとされるが、ほとんど遜色はない。陰樹で成長が遅いので木目が詰まっており、木肌が緻密。ヒノキチオールなどの成分を含んでいるので、耐久性や保存性が高い。水や白蟻にもかなり強い。代表的な用途として、土台や屋根などの建築材、浴槽や風呂桶などの水回りに使う材などがある。ヒノキが生えていない東北地方では、仏像の素材にも重用された。

左ページ：アスナロの木。木曽五木の一つ。高さ20～30m、直径60～80㎝ほどの高木。直径1m前後になる木もある。若い時代には暗い林の中でも育っていく陰樹で、成長は遅い。雌雄同株で、5月頃に開花。10～11月、ほぼ球形の小さな果実が熟す。1：アスナロ（成木）の樹皮。縦に長く薄く割れる。剥がれ幅はヒノキより狭い。やや赤味を帯びた茶色系（ヒノキよりも赤味が薄め）。2：ヒバ材の床柱。建築材では土台などに重用されてきた。床柱や長押などにも用いられる。3：アスナロのうろこ状の葉。長さ5～7㎜。葉先は尖っていない。厚みがあり、表面は光沢がある。裏面は気孔帯の白が目立つ。ヒノキアスナロは、うろこ状の葉がアスナロよりも少し小さい。

ヒメコマツ
姫小松、姫子松

別名	キタゴヨウ（北五葉）、ゴヨウマツ（五葉松）
学名	*Pinus parviflora* var. *pentaphylla*（キタゴヨウ） *P. parviflora*（ゴヨウマツ）
科名	マツ科（マツ属） 常緑針葉樹
分布	キタゴヨウ：北海道、本州（中部地方以北） ゴヨウマツ：本州（中南部）、四国、九州
比重	0.36〜0.56

心材と辺材の境目は、わりとはっきりしている。心材は黄色味が強く、辺材は白っぽい。年輪の幅は均一に詰まっている。ヤニが適度に含まれている。乾燥は容易で、暴れが少ない。ほのかに松ヤニの匂いを感じる。

078
ヒメコマツ

針形の葉が5本ずつ束になって枝につく。材は目が細かく仕上がりがきれい

マツの葉の種類は、枝への付き方によって大きく3種ある。2本が一束になってつく2針葉は、アカマツやクロマツなど。3本一束（3針葉）はテーダマツ（*P. taeda*）やダイオウマツ（*P. palustris*）などの北米産に見られる。5本一束（5針葉）はゴヨウマツ（五葉松）、ハイマツ（這松 *P. pumila*）、チョウセンゴヨウ（朝鮮五葉 *P. koraiensis*）などがある。ゴヨウマツの北方系変種がキタゴヨウで、北海道などに生育する。ゴヨウマツとキタゴヨウはヒメコマツとも呼ばれ、両者は球果や葉の大きさがやや異なる（*写真説明参照）。ヒメコマツと名付けられている材のほとんどは、キタゴヨウと思われる。

材質は、針葉樹としては平均的かやや硬めで、年輪幅が細かく緻密である。油分があるので、切削だけではなくロクロ加工にも適している。乾燥は容易で暴れにくい。これらの性質を生かして建具材や指物などに使われてきた。特に試作模型や鋳物の型の素材に適していた。「柔らかいやさしい木目をしている。狂いが少なく作業しやすく、仕上がりがきれい。色の感じもいい」（木工作家）

左ページ：ヒメコマツの小箱（作：須賀忍）。エゴマ油仕上げ。35×22.5×高さ22.5㎝。根付を収める箱として作られた。1：キタゴヨウ。ゴヨウマツの北方変種。高さ20～30m、直径1m前後にまで成長する高木。5～6月に開花。翌年10月頃、長さ5～10㎝、直径3～4㎝程度の楕円球形の球果（松ぼっくり）がなる。ゴヨウマツの球果は、もう少し丸くて小ぶり。2：キタゴヨウの樹皮。やや赤味を帯びた灰色系。不規則に裂け目が入り、老木になるにつれて剥がれていく。3：ゴヨウマツの葉。ゴヨウ（五葉）の名の通り、5本の針形の葉が束になって枝につく。葉の長さ3～6㎝程度。先端は尖っているが、柔らかいので触ってもあまり痛くない。葉の断面は三角形。キタゴヨウの葉はもう少し長い。

079

ビワ
枇杷

別名	ヒワ
学名	*Eriobotrya japonica*
科名	バラ科（ビワ属）
	常緑広葉樹（散孔材）
分布	本州（関東地方以西）、四国、九州
	中国原産という説もある
比重	0.86

心材と辺材の区別はほとんどつかない。全体的に黄味がかったクリーム色をしている。年輪は見えにくい。木肌は滑らかで光沢が出る（果樹材の特徴）。硬さはあるが目が詰まっているので、加工は難しくない。粘りもあり衝撃にも強い。乾燥後に硬さが増していく。匂いはあまり感じない。

079
ビワ

硬くて強靭で衝撃に強い材。果樹としてはめずらしく、冬に開花

ビワは関東地方から九州までの暖地で、果樹として広く栽培されている。中国原産で古い時代に渡来したとする説や、古代から日本に自生していた説など、諸説ある。現在栽培されているビワは江戸時代末期に中国から持ち込まれたもので、在来のビワより実が大きい（「茂木」「田中」と呼ばれる品種）。

花は、果樹としてはめずらしく11月から2月頃までの寒い時期に咲く。開花後にできる幼果は、最低気温がマイナス3度以下になると枯死する確率が高くなる。種子を残すためにリスクを分散して、数カ月にわたって開花するのだ。

材は比重数値が示すように、かなり硬い。縦圧縮強さや縦引張強さの数値も高い。硬いだけではなく、強靭で粘りがあり衝撃にも強い。この材質を生かして、木刀、薙刀、杖などに使われてきた。「硬いといっても、カシやスヌケ（イスノキ）に比べれば軽くて柔らかい。だから女性用の木刀に勧めていた。強く叩いた時に皮膚にダメージがなくても、骨にひびが入ると言われている」（武道具店）。木肌の緻密さや滑らかさを利用した櫛や印鑑にも使われる。

左ページ：ビワ材の小木刀。近年、木刀にとれるビワの良材が減っており、ビワで作られた木刀は少なくなっている。スヌケと呼ばれるイスノキ、カシなどの木刀が多い。1：高さ5～10m、直径30cmほどの常緑樹。11～2月の晩秋から冬にかけて、香りのいい小さな白い花を多数つける。5～6月頃に果実が熟す。2：樹皮は灰色を帯びた褐色系で、しわのような模様が入っている。老木になると薄く剥がれていく。3：葉は、長さ15～20cmほどある大きめの長細い楕円形。葉先は尖っていることが多い。縁のほぼ中央部から葉先に、粗い鋸歯がある。厚みがあって葉脈付近の凹凸が大きいので、触るとごわごわと硬く感じる。表面は濃い緑色で、裏面には褐色の縮れた細かい毛が密生している。単葉、互生。

080 フクギ
福木

別名	フクヂ、プクギィ、カジキ（奄美地方での呼称）
学名	*Garcinia subelliptica*
科名	フクギ科（フクギ属）
	常緑広葉樹（散孔材）
分布	沖縄、奄美群島、フィリピン原産
比重	0.70

木目の細かさと薄い黄色味に特徴がある。比重0.70とやや硬めで耐久性が高い。乾燥が難しく、暴れやすくて割れも出る。虫が入りやすい。目が詰まっているので、ロクロ加工はやりやすい。滑らかな仕上がりになる。小物づくりなどに向いている。

080
フクギ

防風・防火林としての役割を果たす並木。果実はオオコウモリの大好物

沖 縄では防風林、防潮林、防火林、街路樹として各地に植えられており、よく見かける。並んで生えていると肉厚の葉が茂って緑の壁ができ、防風や防火の役目を果たす。根を下へ下へと伸ばしていく直根性の木なので、強風に対して強く、建物を傷めにくい。真っすぐに幹が伸びていくので、並木に適している。そのような理由から、各集落では民家の屋敷林（屋敷垣）としても植栽された。沖縄・本部町の備瀬集落のフクギ並木は有名で、観光スポットにもなっている。このように、沖縄の人たちにとってはなじみの深い木である。夏から秋にかけて黄色に熟す果実は、オオコウモリ類の餌となる。実が落ちて腐ると、かなりの悪臭を放つ。

　乾燥が難しく暴れやすい上に虫の多い材だが、加工は難しくない。ある程度の硬さがあり耐久性もある。成長が遅いので、目は詰んでいる。戦後、沖縄で木材が不足した時代にはかなり伐採され、二級品の材という位置付けながらも建築材料として活用されたようだ。樹皮からは黄色の染料が採れ、紅型（びんがた）（沖縄の伝統的染織技法）に用いられる。

左ページ：高さ7〜20m、直径50〜80cmほどに成長する常緑高木。幹はほぼ真っすぐに伸びる。成長は遅い。沖縄各地に屋敷林や街路樹として植えられている。5〜6月、黄色味を帯びた白い小さな花が咲く。1：8〜10月頃、直径3〜5cmの果実（核果）が黄色に熟す。果実の中には大きな種子が数個入っている。人間の食用には向いていないが、オオコウモリ類の大好物。2：樹皮は灰色系。ほぼ平滑な表面に細かい模様が入る。3：葉は小判のような楕円形で、葉先は尖らず少し窪む。長さ8〜15cm程度。縁は滑らか。中央脈がくっきりしている。肉厚で、しっかりした手触り。表面に光沢があり、両面ともに無毛。単葉、対生。4：フクギで作った箸と拭き漆仕上げのフォーク、上の二つはスプーン製作用に木取りした材（作：工房ぬりトン）。

167

081 ブナ

橅、山毛欅、椈

別名	ホンブナ、ソバグリ
学名	*Fagus crenata*
科名	ブナ科（ブナ属）
	落葉広葉樹（散孔材）
分布	北海道（南西部）、本州、四国、九州
比重	0.50〜0.75

材は全体的にベージュ色をしている。ブナには着色心材がないとされ、その代わりに偽心材（損傷や菌などの外的要因で赤味がかった部分）が存在する。板目に、樫目と呼ばれる雨粒のような点々が現れる（これは放射組織）。腐朽菌に弱く腐りやすいなどの理由から、建築構造材にはほとんど利用されない。山寺の名で知られる立石寺（りっしゃくじ）（山形県）の根本中堂（国指定重要文化財）は、ブナ材が使用されている珍しい例。材質は程よい硬さで加工しやすい。わずかに、蝋燭のロウのような匂いを感じる。

081
ブナ

日陰でゆっくり育っていき、次第に勢力拡大して純林まで形成する木

　日本の冷温帯で育つ広葉樹の代表的存在。北海道南西部から九州まで広く分布し、広葉樹の中では森林蓄積量がかなり多い。しかし、シラカンバのように裸地で率先してどんどん育っていくパイオニアの木ではない。他の木々によって森林が形成された後に樹陰でゆっくりと育ち、年を重ねていくと日光を好むようになり勢力を拡大する。場所によっては純林をつくる。森林生態系のアンカー的な存在といえる。幹はほぼ真っすぐに伸び、樹皮は白っぽく滑らかだが、地衣類がつくとまだら模様が目立つ。その立ち木の風情は、森の中では存在感がある。

　材はいくつかの短所がある。伐採して短期間で変色する、乾燥時に暴れやすい、腐れやすく保存性が低いなどだ。ただし、程よい硬さで加工しやすい、粘りがある、木肌が滑らかなどの長所を有する。乾燥技術などが進んだことで短所が是正され、長所を生かしながら、合板、床材、家具材などに使用されるようになった。曲げ加工に対応できる点も大きな特徴で、曲げ木を駆使した椅子などに用いられる。

左ページ：高さ20〜30m、直径60〜70cmほどの高木。直径1m以上になる木もある。5月頃、新葉が出る時期に開花。10月頃に果実（堅果）が熟し、殻が4つに割れて三角錐形の堅果が現れる。1：樹皮は、やや白っぽい灰色系。表面はわりと滑らかで、裂け目は入らない。地衣類などがつくと、まだら模様になることが多い。2：葉は卵形で、葉先は少し細くなってやや尖る。長さ4〜10cm、幅2〜4cm程度。寒い地方に生育するブナの方が葉は大きい。縁は波状になっており、やや厚みを感じる。きれいに平行配列する側脈が、はっきり見える。近縁種のイヌブナ（F. japonica）の葉は、ブナよりも縁の波状が少し低めで、側脈の幅が狭く、厚さは薄い。3：ブナ材で作られた玩具「トンネルキューブ」（作：松島洋一）。穴を開けた立方体を自由に組み合わせて遊ぶ。4：オーバルボックス（作：日高英夫）。27×20×器の高さ8cm。側板と持ち手はブナ材、底板はシナ材。

169

082

ホオノキ
朴

別名	ホオ（＊木材ではホオと呼ぶことが多い）、ホホガシハ
学名	*Magnolia obovata*
科名	モクレン科（モクレン属）
	落葉広葉樹（散孔材）
分布	北海道〜九州
比重	0.40〜0.61

082 ホオノキ

木目が細かく均一。大きい木には縮み杢や玉杢が現れる。心材と辺材の境界は、わりとはっきりしている。心材は緑黄色で、辺材は白っぽい。「本州産の材は、北海道産よりも色が濃い傾向にある」(木材会社)。乾燥は容易。材の表面の研磨や塗装の仕上がりがよい。匂いはほとんど感じない。

森の中では大きな葉が目立つ、幅広い用途に使われてきた有用樹種

森の中で他の木々と混じって生えていても、大きな楕円形の葉が目立つので、春から秋にかけては非常に見極めやすい。長さが50cm近い葉もある。甘い香りがする花も、直径15〜20cmと大きい。秋に熟す果実は袋果が集まった集合果で、枝先から垂れ下がるのでこれも目立つ。

材は硬くもなく柔らかくもなく、暴れや割れが少ないので使い勝手がよい。その特徴が生かされて、様々な用途に用いられてきた。代表的な用途では、下駄、版木、箪笥の引き出し、定規、漆器の木地など。足に負担のかかりにくい程よい硬さが、下駄の歯に向く。ホオの専門職ともいうべき道具が、日本刀の鞘。「ホオは刃にやさしい。鞘に刀を収める時に刃が当たっても大丈夫。昔から鞘にはホオと決まっている」(日本刀の鞘師)。緑がかった材の色味にも特徴がある。国産材で緑系の木はめずらしい。

大きな葉っぱは、食物を包んだり載せたりする用途にも利用されてきた。乾燥した葉の上に味噌を載せ、山菜などと混ぜて焼く「朴葉味噌」は有名だ。樹皮はコウボク(厚朴)という漢方薬にもなる。

左ページ：葉の大きさは日本の広葉樹の中でトップクラス。長さ20〜40数cm、幅10〜25cm程度。縁は滑らか。裏面には白い軟毛が生える。単葉、互生。トチの葉と似ているが、トチは複葉で縁はギザギザの鋸歯がある。(下)日本刀の白鞘(作：水野美行)。加工しやすい、比較的軽い、程よい硬さで刃を傷めない、年輪と年輪界の硬さの差がほとんどない、などの理由から、鞘にはホオが使われてきた。1：5〜6月、直径15〜20cmの黄白色の花が咲く。2：高さ20〜30m、直径50cm〜1mほどの高木。果実はたくさんの実(袋果)が集まった集合果で、長さ10〜15cmほどある。秋に熟すと、袋果が裂けて種子が2つ現れる。3：樹皮は全体的に白っぽく滑らか。点々の模様が出ているのが特徴。裂け目は見られない。4：鞘は、半割りした材を刳り抜いた後に続飯(そくい。飯粒を練ってつくる糊)で貼り合わせる。

171

083 ポプラ
poplar

別名	セイヨウハコヤナギ（西洋箱柳）、イタリアクロポプラ、イタリアヤマナラシ
学名	*Populus nigra* var. *italica*
科名	ヤナギ科（ヤマナラシ属）落葉広葉樹（散孔材）
分布	北海道など、原産地はヨーロッパや西アジアなど諸説あ
比重	0.45

黄味がかったクリーム色をしており、年輪がはっきり見えない。材質は軽くて柔らかく、切削加工は問題ないがロクロでは加工しづらい。耐久性はあまりない。杢が現れることがあり、その材は価値が高まる。匂いは特に感じない。北米産のイエローポプラ（*Liriodendron tulipifera*）は、モクレン科で別種。ポプラ材としては、イエローポプラと混同して流通している場合がある。

083
ポプラ

独特の樹形や美しい並木で有名。欧米では、材を家具や楽器にも使用

本来、ポプラとは学名*Populus*のヤナギ科ヤマナラシ属のことをいう。同属で日本に自生するのは、ドロノキ（ドロヤナギ*P. maximowiczii*）、ヤマナラシ（*P. sieboldii*）などだ。

狭義でポプラというと、セイヨウハコヤナギのことを指す。北海道大学のポプラ並木はこの木である。外来種で、明治時代に防風林用として北海道へ持ち込まれた。直立して成長し、枝は上に向かって伸びる。そのため樹形は長細く、遠目には"ほこり取りモップ"のように見える。成長は早く、寿命は短い。樹齢を重ねていくと幹に空洞ができやすく、根の広がりが小さいこともあって、強風で老木は倒れやすい。2004（平成16）年に台風18号が北海道を通過した折に、北大のポプラがかなり倒れた。

材は他のヤナギ類と同じように軽くて柔らかい。強度や耐久性・保存性は高くない。そのため、マッチ軸木やチップ材などに使われた。ヨーロッパやアメリカでは、家具材やバイオリンなどの楽器部材などにポプラ類が昔から使われている。

左ページ：高さ15〜25m、直径1mほどの高木。高さ40mまで達する木もある。幹はほぼ真っすぐに成長し、枝も上に向かって伸びて独特の樹形を見せる。4〜5月に開花。5〜6月に果実が熟し、その頃に綿毛のついた種子が風に舞う。1：台風18号（2004年9月）の強風で倒れた、北大のポプラを部材に用いたチェンバロ（作：横田誠三、北海道大学総合博物館所蔵）。側板、底板、ふた板などにポプラを使用。脚や譜面台は台風倒木のハルニレ、鍵盤はツゲと黒檀など。ヨーロッパではポプラがチェンバロによく使われていた。2：樹皮は灰色系で、不規則に少し深く裂ける。3：葉は丸みを帯びた三角形〜菱形。葉身の長さ5〜9cm程度。葉柄も長く3〜7cmくらいあり、横断面は扁平している。縁に粗いギザギザの鋸歯がある。単葉、互生。

マユミ
真弓、檀

別名	ヤマニシキギ（山錦木）
学名	*Euonymus sieboldianus*（別名：*E. hamiltonianus*）
科名	ニシキギ科（ニシキギ属）
	落葉広葉樹（散孔材）
分布	北海道〜九州（屋久島含む）
比重	0.67

材の雰囲気はツゲやツバキに似ている。年輪がはっきり見えない。心材と辺材の区別はつかない。全体的にやや黄味がかった白色。木肌は緻密で非常に滑らかで、光沢が出る。材質は程よい硬さで、少し粘りがあり加工しやすい。匂いは特に感じない。

084
マユミ

材の質感はツゲに似て、木肌が緻密で滑らか。古代は弓の素材に重用

今から数千年前の縄文時代前期の遺跡（福井県の鳥浜貝塚遺跡など）から、マユミの丸木弓が出土している。1本の木や枝を丸ごと使った弓なので丸木弓という（丸木舟も同様の意味合い）。丈夫で粘りがあり、よくしなるということで縄文人も適材適所の観点から使ったのだろう。

マユミの名前は、接頭辞の「真」が「弓」に付いて真弓となったと考えられる。「真」には、それそのものを表す、見事さをほめるなどの意味がある。縄文時代には丸木弓の素材にカシやアズサ（梓、ミズメ）も使われていた。その中で弓の素材として、マユミの木がまさにふさわしいものだということを表したのではないか。時代はかなり下るが、万葉集にマユミが詠われた歌が10首ほどある。「引く」「張る」などの動詞にかかる枕詞に用いられた歌が多い。「相手の気持ちを引く」などを表現している。

近世になってからは、木肌が緻密で滑らかな材質がツゲやツバキに似ているので、将棋駒や印材などに使われた。紅葉や果実が割れて種子が現れる様子がきれいなので、観賞用庭木としても植えられる。

左ページ：葉は楕円形で、葉先は細くなって尖る。長さ5～15cm、幅3～8cm程度。単葉、対生。縁には細かいギザギザの鋸歯がある。両面どちらも無毛。1：高さ3～10m、直径20～30cmほどの、山野や原野に生える小高木。10～11月頃、赤味を帯びた、小さくて（直径1cm前後）いびつな球形の果実が熟す。4つに割れて赤い種子を出す。2：マユミで作られた輪かんじき（作：安井昇吾）。古代に弓の材として使われたように、しなりやすい性質を有する。曲げ加工にも利用できる。3：樹皮はコルク質が発達し、縦や網目状に筋が入り深く裂けていく。ごつごつした印象を受ける。4：5～6月頃、淡い緑色の小さな花（直径1cm程度）がつく。

085

ミカン
蜜柑

学名	*Citrus* spp.
科名	ミカン科（ミカン属） 常緑広葉樹（散孔材）
分布	本州（関東地方以西の暖地）、四国、九州
比重	0.80

肌目が緻密で滑らか。年輪が細く、はっきり見えない。全体的に明るい黄色（レモン色）。適度な硬さと目が詰んでいるので加工しやすい。粘りもある。仕上がりがきれいで、光沢が出る。ミカンの果実の匂いは感じない。

085
ミカン

果実だけではなく、材も鮮やかな黄色。すべすべした木肌も美しい

ミカン属には、日本の野生種であるニッポンタチバナをはじめ、ウンシュウミカン、ユズ、ポンカン、ナツミカン、ハッサク、レモンなど、多数の栽培品種がある。

ミカンは果実のイメージが強いが、材になってもかなりの良材といえる。まず印象的なのが、材色の鮮やかな黄色。ウンシュウミカンの皮の色ではなく、どちらかといえばレモン色に近い（ミカン色に近いのはニガキ）。

木肌は非常に滑らかで、材質が緻密である。比重0.8と高い数値だが、程よい硬さで粘りがある。逆目が出ることが多いが、切削やロクロでも問題なく加工できる。仕上がりがきれいで光沢が出て、材面はすべすべになる。「食べられる実のなる木」には、このような特徴を持つ材が多い。材からは匂いを感じないが、葉をちぎるとミカンのような香りがする。用途としては大きな材がとれないので小物中心で、カトラリー、根付、クラフト作品などに用いられる。寄木細工や象嵌には黄色を表現する材として貴重な存在だ。玄能の柄の使用例もある。

左ページ：ウンシュウミカンの葉。やや長めの楕円形で、長さ8〜15cm。縁には非常に細かく浅い鋸歯がある（ほぼ滑らかで、鋸歯が入っていない葉もある）。全体的に波打ってごわごわしている。単葉、互生。（下）ウンシュウミカンの果実。9〜12月に熟す。品種によって熟す時期は異なり、極早生は9〜10月、早生は10〜12月に収穫される。1：ウンシュウミカンの樹皮。褐色系の表面に縦筋が入る。2：ウンシュウミカン（温州蜜柑）。中国の温州にちなんだ名前が付いているが、原産地は鹿児島県と推定される。関東地方以西の暖地で広く栽培されている。3：ミカン材で作られた、鮮やかな黄色味がきれいなスプーンとフォーク（作：工房Rokumoku）。

ミズキ
水木

別名	ミズノキ、クルマミズキ（車水木）、マユダマノキ（繭玉木）　*方言名が多数ある
学名	*Cornus controversa*（別名：*Swida controversa*）
科名	ミズキ科（サンシュユ属、または、ミズキ属）落葉広葉樹（散孔材）
分布	北海道～九州
比重	0.63

086
ミズキ

肌目は緻密で、年輪が細く見えにくい。心材と辺材の区別はつきにくい。全体的に青みがかった白。硬くもなく柔らかくもなく、暴れや割れが少ない。加工しやすいが、ロクロ挽きでは刃物を研いでおかないと毛羽立ちする。匂いはあまり感じない。

年輪が目立たず白っぽくて加工しやすい材は、こけしの材料に最適

　ミズキは根から吸い上げた水を、道管を通して上昇させていく力が強い。そのため、春先の葉が出る前の時期、樹皮に傷をつけたり枝を折ったりすると多量の樹液が出る。この現象から、ミズキ（水木）の名が付いたとされる。同様の現象が見られるカエデ類は樹液が甘く、メープルシロップとして知られる。ミズキの樹液はあまり糖分を含んでいない。

　枝ぶりにも特徴がある。ほぼ水平方向に張り出して面状に広がる。遠くから眺めると、階段状にいくつもの階層ができた樹形に見える。5〜6月に小さな花が枝先に房のように集まって咲く様子も、他の木と見分けやすい。

　材は色の白っぽさが目立つ。ほとんど年輪が見えず、肌目が緻密で滑らかである。程よい硬さで暴れが少なく、加工も難しくない。このような材質を生かして、挽き物の素材としてよく利用されてきた。代表的なものに、玩具や漆器木地などがある。特に東北地方では、こけしの材料として現在も重用されている。寄木細工や象嵌では、白色を表現する部材としても用いられる。

左ページ：ミズキ材をロクロ挽きして仕上げた鳴子温泉（宮城県）のこけし。1：5〜6月頃に開花。白い小さな花が、房のようになって枝先に集まってつく。2：高さ10〜15m、直径30〜50cmほどの高木。高さ20m、直径70cm前後まで成長する木もある。成長が早い。枝がほぼ水平方向に張り出し、階段状の樹形に見える。秋に小さな球形の赤い果実（核果）が熟す。次第に黒っぽくなり、ヒヨドリなどが好んで食べる。落葉後の晩秋から冬にかけて、小枝が赤くなって目立つ。3：黒っぽい灰色系の樹皮に、明るい灰色の細かい模様が縦に入る。4：葉は幅の広い楕円形〜卵形で、葉先は急に短くなり尖る。長さ6〜15cm、幅3〜8cm程度。単葉、対生。枝の先に集まってつく。縁は滑らか。側脈は葉先に向かって、少しカーブしながら伸びている。表面は無毛、裏面は伏毛がつく。

087 ミズナラ
水楢

別名	オオナラ
学名	*Quercus crispula*
科名	ブナ科（コナラ属）
	落葉広葉樹（環孔材）
分布	北海道〜九州
比重	0.45〜0.90

| 板目 | 柾目 |

087
ミズナラ

年輪がはっきり見える。心材と辺材の区別は明瞭。心材は赤味がかったクリーム色で、辺材は白っぽい。木口に放射組織が出て、柾目面ではこの組織が虎の縞模様のようになって現れる。これを虎斑（とらふ）という。年輪幅により重硬さが異なり、比重数値の幅の大きさになっている。年輪幅が広いものは重硬さがあり比重は高い。狭いものは比重数値が低い傾向にある。ナラ特有の匂いをわずかに感じる。

国産広葉樹の代表格。森の中で堂々とそびえ、材は根強い人気を誇る

日本の落葉広葉樹を代表する木。森の中では存在感を漂わせ、材としても良質で重用される。ブナ科コナラ属の木の中で、日本では落葉性の木はナラ、常緑性の木はカシと呼ばれる。ミズナラは、日本産のナラ類の中で最も大きく成長する。陽樹なので各地の日当たりのいい山地に分布し、特に北海道での生育が多い。同類のコナラやカシワとは似ているが、葉などを観察すれば見分けがつく。

ナラの名で呼ばれる材は、ほとんどがミズナラのことを指す（一部、コナラが混じる）。落ち着いた木目の美しさや色合い、程よい硬さで強度がある、加工性のよさなど良材の誉れが高い。しかし、明治時代から昭和の半ば頃までは国内よりも海外での評価が高く、欧米へ安価でインチ材（インチの単位で製材）として大量輸出されていた。海外の大手家具メーカーでも使用され、オタルオークなどの名で呼ばれた（北海道の小樽港から輸出されたので）。現在は輸出されておらず、国内で家具や合板材として幅広く使われる。ただし、国産材は減少し、ヨーロッパ、北米、中国などからの輸入材が増えている。

左ページ：ナラ材で作られたペザントチェアの「縄椅子」（作：久保田堅）。座高42cm。1：高さ20～30m、直径70cm～1mほどの高木。北海道では平野部でも生育するが、本州以南では山地に生える。5～6月頃、葉が出るのと同時期に開花。9～10月頃、堅果（どんぐり）が熟す。長さ2～3cmの楕円形体。下部はうろこ模様の椀形の殻に包まれる。2：樹皮は縦に不規則に裂けて、樹齢を重ねると裂け目が深くなっていく。3：葉は楕円形の縁に大きめのギザギザが入っている。葉先に近い方の幅が広い。長さ6～20cm、幅5～10cm程度。単葉、互生。コナラの葉と似ているが、ミズナラの方が縁のギザギザが粗くて大きく、葉柄がほとんどない。同属のカシワには長さ30cmほどの大きな葉もあり、縁は丸い波状の鋸歯になっている。

181

088

ミズメ
水目

別名	ヨグソミネバリ、アズサ（梓）
学名	*Betula grossa*
科名	カバノキ科（カバノキ属）
	落葉広葉樹（散孔材）
分布	本州（岩手県以南）、四国、九州
比重	0.60〜0.84

全体的にマカバに似た雰囲気がある。目が緻密で、やや重くて硬い。粘りもある。心材と辺材の区別は比較的わかりやすい。心材はほのかなピンク色で、辺材は白っぽい。乾燥時の暴れが少なく割れにくい。匂いはほとんど感じない（樹皮や折った枝は、独特の匂いがする）。

088
ミズメ

ミズメザクラとも呼ばれるが、サクラではなくカバノキ属の木

カンバ類であるがカンバやカバの名はついておらず、サクラ類ではないのにミズメザクラと呼ばれることがある。材質や樹皮の横しま模様が入った風情がサクラに似ていることから、木材業界などではサクラを付けた名称がよく使われる。

カンバ類は北海道からから東日本にかけて分布する北方系が多いが、ミズメは九州でも生育する（北海道には生えていない）南方系である。名前の由来は、樹皮に傷をつけると、水のような樹液がしみ出てくるからだとされる。古代に丸木弓の材料の一つだったアズサ（梓）は、ミズメだというのが定説だ。梓弓は縄文時代の遺跡から出土している。正倉院宝物の中にも梓弓が現存する。

材は比重が0.6〜0.8台とやや重くて硬い。目は非常に緻密で年輪がはっきり見えず、サクラやマカバなどと同じく散孔材の特徴がよく表れている。縮み杢が出ることもある。暴れにくく、加工も難しくはない。さらに仕上がりがきれいということから、家具材、フローリングや敷居などの建築材などに使われてきた。特殊な用途では、硬さ、目の細かさ、狂いのなさなどから靴木型に重用された。

左ページ：ミズメで作られた靴のモデル木型（モデルラストmodel lastという）。現在はヨーロッパ産のシデ材が使われているが、20数年前まではミズメが主流だった。これは原型で、この木型を基にして合成樹脂製の型が作られる。1：高さ15〜25m、直径30〜70㎝ほどの高木。雌雄同株で、4月頃の新葉が出る時期に雄花と雌花が開花。雄花は房状になって枝先から垂れ下がる。9〜10月、果実（堅果）が熟す。2：樹皮は灰色系。横しま模様が入っており、サクラの樹皮に似ている。老木には不規則な裂け目が入って剥がれやすい。樹皮は湿布薬に似た匂いがする。3：葉は卵形で、葉先は尖る。長さ5〜10㎝、幅3〜6㎝程度。単葉。長枝では互生、短枝では2枚が対生。縁には不ぞろいな鋸歯がある。4：座の部材にミズメが使われている、松本民芸家具のウィンザーチェア。

183

ムクノキ
椋、樸樹

別名	ムク、ムクエノキ（椋榎）
学名	*Aphananthe aspera*
科名	アサ科〔ニレ科〕（ムクノキ属） 落葉広葉樹（散孔材）
分布	本州（関東地方以西）、四国、九州、沖縄
比重	0.67

心材と辺材の区別はつきにくい。心材は黄味がかった褐色系で、辺材はクリーム色系。年輪はわりとはっきりしている。材質はやや硬く強靭さがあり、割れにくい。曲げにも強い。昔は、特性を生かして天秤棒や斧の柄などにも用いられた。匂いは特に感じない。

089
ムクノキ

葉のざらつきに特徴があり、木地仕上げの研磨にも使われる

ムクノキは、全体的にケヤキやエノキと似た雰囲気がある。いくつかのポイントを押さえれば見分けはつく。特に葉を比べてみるとよい。

いずれの木も葉は楕円形だが、ムクノキは先端に向かって細くなっていく。縁には角張った鋭い鋸歯がつく。葉の両面に硬い短い毛が生えており、かなりざらつく。エノキは全体がやや丸みを帯びており、先端は急に細くなる。縁は先端側半分ほどに波状の小さな鋸歯がつく。触るとムクノキほどはざらつかない。ケヤキの葉はやや小ぶりで縁に鋸歯がつき、手触りは少しざらざら感じる程度だ。

硬い毛が密生しているムクノキの葉は、木地、象牙、鼈甲などを用いた工芸品を仕上げる際の研磨材として重用された。細かい仕上げには、昔からサンドペーパーのように使われていた木賊よりも向いていると言われる。

材は古代から建築材や道具類など各種の用途に使われ、遺跡から出土する木材遺物の中にもムクノキが使われているものを見かける。現在は木材流通量が少なく、用材としてあまり使われていない。

左ページ：東京の中里遺跡（縄文時代中期）から出土した丸木舟（北区飛鳥山博物館所蔵）。ムクノキの一木を刳り抜いて作られている。全長5.79m、最大幅72㎝、最大内深42㎝。1：高さ15〜20m、直径50〜60㎝ほどの高木。直径1m以上になる大木もある。4〜5月頃、新葉が出る同時期に開花。10月頃、直径1㎝前後のほぼ球形の果実が黒く熟す。2：樹皮は平滑面に縦筋が入る。老木になると剥がれていく。3：葉は先端に向かって細くなっていく楕円形。葉先はやや尖る。長さ5〜10㎝、幅2〜6㎝程度。単葉、互生。縁には角張ったギザギザの鋸歯がある（ケヤキの葉は似ているが、ギザギザに丸みがある）。両面どちらにも硬い毛が生えており、ざらついた手触り。このざらつきを利用して、木地などの研磨に用いられた。

090

モチノキ
黐木

学名	*Ilex integra*
科名	モチノキ科(モチノキ属)
	常緑広葉樹(散孔材)
分布	本州(東北地方南部以南)、四国、九州、沖縄
比重	0.64〜0.95

心材と辺材の境目はわかりづらく、全体的に白っぽい。肌目は緻密。うろこ状の模様が現れることがある。かなり硬くて重たく粘りがある。乾燥時に収縮が激しく、乾燥後もなかなか安定しない。匂いは特に感じない。

090
モチノキ

昔は鳥もちを採った、赤い実のなる木。材はかなり硬くて粘りがある

暖　地の海岸に近い丘陵や山地に自生する。晩秋から冬にかけて熟す赤い実が美しく、肉厚で濃い緑色の光沢のある葉との取り合わせに風情がある。そのため、観賞用に庭木や公園樹としてよく植えられる。

モチノキの名は、樹皮から鳥もちを採ることから付けられた。春から夏にかけて、樹皮を剥いでから数カ月ほど水に浸けて腐らせる。それを臼で突いて粘着性のある鳥もちをつくる。以前は竹竿などの先に鳥もちをつけて小鳥を捕まえたが、現在ではこの方法は禁止されている。

比重数値の高い方が0.9台になっているように、材はかなり硬くて重たい。粘りもある。ただし、暴れや割れが入りやすい。「ロクロで挽いた時、イスノキに近いくらいの硬さを感じた。乾燥後もしばらく安定せず、蓋物の蓋が閉まらなくなったこともある」(木工家)。加工も難しい。機械加工は問題ないが、手鋸での切削は苦労する。それでも、硬さ、粘り、仕上げ面を磨いて出る光沢などを生かした用途に利用されてきた。そろばん珠、数珠、ツゲの模擬材として使われる櫛などである。

左ページ：高さ5〜10m、直径20〜40cmほどの高木。高さ20m以上、直径1m以上になる木もある。4月頃、黄緑色の小さな花を多数つける。11〜12月頃、直径1cm前後の果実(核果)が赤く熟す。**1**：モチノキ材を使って加工された、播州そろばんの珠。硬さ、肌目の緻密さ、目を疲れさせない色合いなどが、そろばん珠に適している。**2**：樹皮は白っぽい灰色系で、比較的滑らかな表面に細かい模様が入る。**3**：葉は楕円形で、葉先は短く突き出る。長さ4〜7cm、幅2〜3cm程度。単葉、互生。縁は滑らか。葉に厚みがある(革質)。表面は濃い緑色、裏面は淡い黄緑色。両面ともに葉脈がはっきり見えず、無毛。葉がよく似ている同属のクロガネモチ(*I. rotunda*)は、葉身の幅などが少し大きめで(長さ6〜10cm、幅3〜4cm程度)、葉柄が紫色を帯びる。

091 モッコク
木斛

別名	アカミノキ、ブッポウノキ（仏法の木）
学名	*Ternstroemia gymnanthera*
科名	サカキ科〔モッコク科〕（モッコク属）常緑広葉樹（散孔材）
分布	本州（関東地方南部以西）、四国、九州、沖縄
比重	0.80

心材と辺材の区別はつかず、全体的に赤っぽい。時間が経つにつれて、落ち着いた赤褐色になっていく。年輪がはっきり見えない。肌目は緻密。材質は重くて硬く、粘りもある。乾燥が難しく、暴れやすく割れも出る。切削加工はやりづらいが、ロクロ加工は問題ない。耐久性が高く、白蟻に強い（サポニンという成分を多く含んでいるため）。加工時にツンとした匂いを感じる。建築材以外にも、船の櫓、織機のシャトル、寄木細工の部材などにも使われてきた。

091
モッコク

厚みと光沢のある濃緑色の葉、耐久性に優れた明るい赤味の材

モッコクの葉はシンプルな楕円形で、突飛な姿をしているわけではないが何となく気になる。先端に近い方の幅が広く、基部に向かうにしたがって細く収束していく。肉厚な革質、縁は滑らか、葉脈がよく見えない、両面とも無毛、光沢のある表側は濃い緑色で裏側は明るい黄緑色……。これらの特徴が相まって、フォルムの端正さ、触った時の厚いコート紙のような感触、色合いのしっとり感などに気持ちが引きつけられるのかもしれない。

樹皮は黒っぽいシックな色合いで、裂け目のない平滑面に細かい模様が点在する。樹形は整った姿をしている。暖地の海岸に近い場所や少し乾燥気味の山地に自生するが、庭木としての人気が高い。その理由もわかる気がする。

材は赤味を帯びた落ち着いた色合いが印象に残る。比重が0.8と高い数値どおりに重くて硬い。耐久性に優れ、白蟻に対してかなり強い。この材質を生かして、沖縄では昔から建築関係の優良材として扱われてきた。特に、琉球王朝時代に重用された。ただし、乾燥は難しく暴れやすいのが難点である。

左ページ：高さ10〜15m、直径30cmほどの木。直径50cm以上になる木もある。6〜7月頃、白っぽい花を下向きにつける。10〜11月頃、直径1〜1.5cmほどの球形の果実（さく果）が赤く熟す。1：サバニ（沖縄の伝統的な小型漁船）を漕ぐのに使われていた、モッコク材の櫓（糸満海人工房・資料館所蔵）。自然に海の中に沈んでいく程よい重さ、やや弾力があるなどの理由から櫓に用いられた。2：樹皮は濃い暗めの色（黒っぽい灰色や褐色）。平滑な面に点々模様や横しわが入る。3：葉は、基部の方が徐々に細くなっていく楕円形。葉先は尖っていない。長さ4〜7cm、幅1.5〜2.5cm程度。単葉、互生。縁は滑らかで、厚みがある。葉脈がはっきり見えず、濃い緑色の表面にやや光沢が出る。裏面は黄緑色。葉柄が赤い。よく似ているモチノキの葉は、あまり光沢がなく、葉柄の赤味が少ない。

092 モミ
樅

別名	モミソ、モムノキ
学名	*Abies firma*
科名	マツ科（モミ属）
	常緑針葉樹
分布	本州（秋田県・岩手県以南）、四国、九州（屋久島を含む
比重	0.35〜0.52

年輪がはっきり見え、幅の広いものが多い。木目はほぼ真っすぐ。全体的に白っぽいクリーム色をしている。年輪界は赤茶色。早材（柔らかい）と晩材（硬い）との硬さの差が大きく、ロクロ加工はとてもやりづらい。匂いは特に感じない。この匂いのなさが生かされて、かまぼこ板や食品関係の容器などに利用される。ただし、耐久性は低い。乾燥の際に暴れやすい。

092
モミ

白っぽさや匂いを感じないなどの材の特徴が、特殊な用途に活用される

比重数値が低い針葉樹なので柔らかい材だと思いがちだが、加工してみると単純に柔らかいとはいえない。それは、早材の柔らかい部分と晩材の硬い部分との差が大きいからだ。切削加工は問題ないが、ロクロ加工ではかなり刃を研がないと硬さのギャップに対応できない。鉋掛けでは、「さくい（油気がなくサクサクしている感触）ので削りにくい。毛羽が出やすい」という感想が建具職人などから聞かれる。

この他にも、色が白っぽい、ほとんど匂いがしない、ネズミや虫に強いという材質を有する。これらの性質を生かして、昔から特殊な用途に使われてきた。神聖なものや清潔感が必要なものには白の色合いが向いているため、葬祭具、木棺、卒塔婆などにモミが使われる。食品関係の道具や容器には風味を損なわない素材が適するので、匂いのない材としてかまぼこ板や茶箱などに重用された。

山地や丘陵でツガやアカマツなどと混生することが多いが、モミの葉の特徴を押さえておけば見分けがつく。針状の葉の先端が窪む（若木では先が鋭く尖る）、球果が上向きにつくなどである。

左ページ：モミ材のかまぼこ板（高瀬文夫商店提供）。以前はかまぼこ板にモミが大量に使われていたが、現在では資源の枯渇から使用量が減り、北米産ホワイトファー（*A. concolor*）などに取って代わられている。1：高さ20〜30m、直径50〜80cmほどの針葉樹。高さ40m以上、直径1.5m以上になる木もある。雌雄同株で、5〜6月頃に開花。10月頃、長さ10〜15cm、直径3〜5cmほどの円柱形の球果が熟す。2：樹皮は白っぽい灰色系。若木はわりに滑らか。樹齢を重ねると、うろこ状の浅い裂け目が入り剥がれていく。3：葉は長さ2〜3cmほどの線形。先端はわずかに窪む。若木や日当たりの悪い場所の葉の先は2つに分かれ、先端は鋭く尖る。葉の裏側の気孔帯（葉先から基部まで細い溝がついている場所）は、薄い白色であまり目立たない。4：モミ材を挽いて作られた器（作：クラフトアリオカ）。

093

モンパノキ
紋羽の木

別名	ハマムラサキノキ（浜紫の木）、ハマスーキ
学名	*Heliotropium foertherianum*
科名	ムラサキ科（キダチルリソウ属）
	常緑広葉樹（散孔材）
分布	沖縄、奄美群島、小笠原諸島
比重	0.50*

年輪はあまり見えない。全体的にクリーム色をしており、ところどころに黒っぽい筋などが入る。比較的軽くて柔らかい。暴れや割れが少なく、加工しやすい。水に強い。大径木ではないので、大きな材はとれない。匂いをほとんど感じない。

093 モンパノキ

色がきれいな肉厚の葉。漁師が使う水中メガネの枠に重宝された材

熱　帯アジア、オーストラリア北部、アフリカなどの亜熱帯・熱帯地域に生育する。日本では、沖縄や小笠原諸島の海岸に近い岩石地や砂浜などに生える。

沖縄の海岸で見かけると、低木だが目を引く木である。それは葉にインパクトがあるからだ。見るからに肉厚で鮮やかな薄緑色をした葉が、日に当たると銀白色のような色合いを放つ。葉の両面に密生している細かい白い毛が、光の当たり加減でもたらす光景である。葉の手触りが布を触っているような感覚ということから、「紋羽（柔らかく毛の立った綿布）の木」の名が付いたとされる。

材は特殊な用途に用いられる。沖縄の海人（うみんちゅ）が素潜り漁などの際に重宝する水中メガネ（ミーカガンという）の枠に使われてきた。明治17（1884）年に糸満（沖縄本島南部）の海人だった玉城保太郎が考案したとされる。モンパノキは軽くて柔らかいが、細かい細工をしても割れにくい。芯の部分がコルク状なので刃物で加工しやすい。水にも強い。海岸に生えているので入手しやすい。このような理由から、ミーカガンの最適材として選ばれた。

左ページ：（下）ミーカガンと呼ばれる水中メガネ（糸満海人工房・資料館所蔵）。モンパノキの特性を生かして作られている。ガジュマルなど他の木でも試作されたが、適していなかったようだ。現在の競泳用ゴーグルとほぼ同じデザインのものが、百数十年前に開発されていた。1：高さ2～5m、直径10～30cmほどの常緑樹。高さ10mに達する木もある。海岸の砂浜や岩石地に生える。果実は直径4～6mm程度の球形に熟し、黄色っぽい色合いから黒色へと色濃くなっていく。2：枝先に緑白色の小さな花を多数つける。開花期はほぼ1年中。3：樹皮は灰色系で、コルク質が発達し網目模様に裂け目ができる。4：葉は卵形～楕円形。葉先は尖っていない。長さ10～20cm、幅4～8cm程度と大きめ。単葉、互生。縁は滑らか。枝先にまとまってつく。かなり肉厚だが、触ると柔らかい。両面に細かい白い毛が密生し、日に当たるときれいな銀白色に見える。

094 ヤチダモ
谷地梻

別名	タモ
学名	*Fraxinus mandshurica* var. *japonica*
科名	モクセイ科（トネリコ属）
	落葉広葉樹（環孔材）
分布	北海道、本州（中部地方以北）
比重	0.43〜0.74

094 ヤチダモ

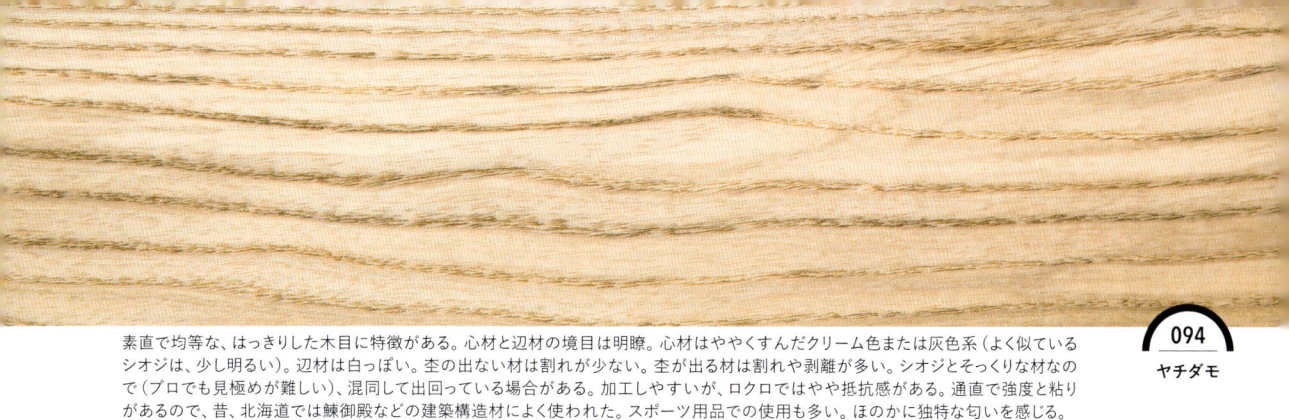

素直で均等な、はっきりした木目に特徴がある。心材と辺材の境目は明瞭。心材はややくすんだクリーム色または灰色系（よく似ているシオジは、少し明るい）。辺材は白っぽい。杢の出ない材は割れが少ない。杢が出る材は割れや剥離が多い。シオジとそっくりな材なので（プロでも見極めが難しい）、混同して出回っている場合がある。加工しやすいが、ロクロではやや抵抗感がある。通直で強度と粘りがあるので、昔、北海道では鰊御殿などの建築構造材によく使われた。スポーツ用品での使用も多い。ほのかに独特な匂いを感じる。

葉のついている期間が短い。広葉樹の中では真っすぐに伸びる姿が際立つ

谷（や） 地に生育することが多いタモということから、ヤチダモと呼ばれる。河岸や湿地の周辺などの比較的肥沃な湿潤地に生育する。同じく湿地に生えるハンノキは、かなり条件の悪い痩せた場所でも育つ。ヤチダモはそういう場所では生育できない。

日本の広葉樹の中では、幹が真っすぐに伸びていく木の代表格である。枝の本数はわりと少ないが、太い枝が多い。葉の出る時期に特徴があり、他の木よりも春に新葉が出るのが遅く、逆に秋の落葉が早い。5月頃に開花するが、その時期にはまだ葉は開いていない。

ヤチダモの材は、一般的にタモと呼ばれ良材とされる。木が真っすぐに育ち、木口がほぼ正円なので、効率よく材がとれる。材質は、木目が素直で強度と粘りがあり、弾性が高い。乾燥は難しくなく、加工しやすい。硬さは、年輪幅の狭いものが少し柔らかく、広いものが重くて硬い。杢の有無でも材質は異なる（＊木材の写真説明参照）。家具材、建築の内装材（手すりや窓枠など）、集成材、フローリング材、運動具材、工芸品など多方面で使われている。現在、国産（主に北海道産）材は減少し、外国産タモ材が増加している。

左ページ：タモ材で作られた椅子（作：井崎正治）。1：高さ20～25m、直径60～70㎝ほどの高木。高さ30m以上、直径1m以上の木もある。4～5月頃、新葉が出る前に開花する。2：枝に多数ぶら下がってつく、翼のある果実（翼果）。3：樹皮は明るい灰色で、縦や網目状に深い裂け目ができる。老木になると色が濃くなっていく。4：小葉が3～5対ほど（先端の葉と合わせて7～11枚）つく奇数羽状複葉。葉全体では長さ30～40㎝程度。小葉は、長さ6～15㎝、幅2～5㎝程度で、葉先が急に細くなって尖る。小葉の付け根に茶褐色の細かい縮れ毛が密生しているのが特徴。よく似ているシオジの葉は、ヤチダモより小葉が少し長めで、付け根には毛がない。5：登山用具のピッケルの柄（シャフト）にはタモ材が使われていた（作：森谷昭一、北大山岳館所蔵）。現在はアルミニウム製が多い。

095

ヤマグワ
山桑

別名	クワ
学名	*Morus australis*（別名：*M. bombycis*）
科名	クワ科（クワ属）
	落葉広葉樹（環孔材）
分布	北海道、本州、伊豆諸島、四国、九州
比重	0.52〜0.75

板目　　　　　　　　　　　　　　　シマグワの杢

095
ヤマグワ

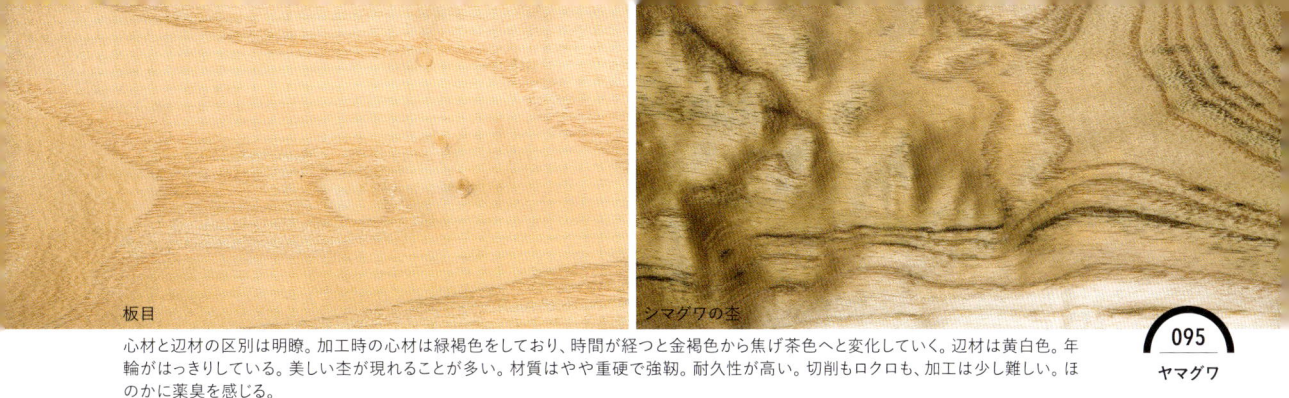

心材と辺材の区別は明瞭。加工時の心材は緑褐色をしており、時間が経つと金褐色から焦げ茶色へと変化していく。辺材は黄白色。年輪がはっきりしている。美しい杢が現れることが多い。材質はやや重硬で強靭。耐久性が高い。切削もロクロも、加工は少し難しい。ほのかに薬臭を感じる。

色味がよく美しい杢が現れる材。御蔵島(みくらじま)産は銘木中の銘木といわれる

日本にはクワ科クワ属の木が数種あるが、一般的にクワといえばヤマグワのことをいう。全国各地の山野に自生する。養蚕用に栽培されたクワは、ヤマグワもあるが中国原産のマグワ（M. alba）が多い。

ヤマグワの材は、比較的重くて硬く、強靭さもある。美しい杢（玉杢、牡丹杢など）が現れることが多く色味もいい。耐久性や保存性が高い。これらの材質を有するので、加工しやすくはないが様々な用途に使われてきた。例えば、工芸品、床柱や框(かまち)などの建築装飾材、茶道具、楽器（琵琶など）、和家具、仏壇などである。

伊豆諸島の御蔵島や三宅島などで産出されるクワ材は、シマグワ（島桑）と呼ばれ珍重される。特に、御蔵島産は杢や色味の美しさから、飾り棚や箱物などの江戸指物では銘木中の銘木といわれる。「ケヤキやキハダも使うけど、御蔵のシマグワは粘りがあって、艶が出て仕上がりがきれい。銀がある。三宅島のとも違う」（江戸指物師）。「銀がある」というのは職人言葉で、光を当てると木目がキラキラ光ることを言うそうだ。

左ページ：引き出し付きの指物（作：木村正）。35×28×高さ44㎝。材は御蔵島産シマグワ（現在、入手は非常に難しい）。1：高さ5～15m、直径30～60㎝ほどの高木。雌雄異株（まれに同株）で、4～5月頃に雄花と雌花が開花する（あまり目立たない）。6～8月、小さな楕円形の果実（集合果）が赤色から黒紫色に熟す。甘酸っぱい味がして食用にもされる。2：樹皮は灰色を帯びた褐色系で、平滑な面に点々のような細かい模様が入る。樹齢を重ねていくと、縦筋が入り裂けていく。3：葉の形は、切れ目の入っているタイプと入っていないタイプがある。若木では、大きな切れ目が2カ所か3カ所入っているタイプが多い。成木になると、下部が幅広い楕円形～卵形で、切れ目が入っていないタイプが増える。長さ6～20㎝、幅5～12㎝程度。縁には粗くギザギザした鋸歯がある。4：シマグワの小箱（作：木村正）。

ヤマザクラ
山桜

学名	*Cerasus jamasakura*（別名：*Prunus jamasakura*）
科名	バラ科（サクラ属）
	落葉広葉樹（散孔材）
分布	本州（宮城県・新潟県以南）、四国、九州
比重	0.62

096 ヤマザクラ

肌目は緻密で滑らか。年輪がはっきり見えない。心材の色は、黄色、緑色、薄いピンク色が点在し、多彩な色味をしている。時間が経つと飴色に変化していく。材質は程よい硬さで粘りがある。暴れにくく加工しやすい。表面がきれいに仕上がる。甘い匂いを感じる。カバ材に色味などが似ており、カバがサクラ材として流通していることが多い。

浮世絵版木や菓子型に使われる材。赤味がかった花が咲く天然種のサクラ

サクラと呼ばれる木には、日本に自生していた天然種とソメイヨシノなどのように人工交配された園芸品種（総称してサトザクラと呼ぶ）がある。ヤマザクラは天然種で、日当たりのいい土地で生育する。近縁種であるオオヤマザクラ（$C.\ sargentii$）は北海道での生育が多く、エゾヤマザクラとも呼ばれる。

ソメイヨシノとヤマザクラの大きな違いは、開花時の葉の出方による。前者は葉が出る前に花が咲き、後者は葉が出るのと同時期に開花する。ヤマザクラのほんのり赤味を帯びた花と若葉の緑の取り合わせが美しく、ソメイヨシノの花見風情とは異なる。

材は程よい硬さで粘りがある、暴れが少ない、木肌が滑らかなどの性質を有し、家具をはじめ様々な用途に使われてきた。その中でも、浮世絵や経文などの版木、和菓子の型などに重用される。浮世絵版画は、同じ図柄の絵に何枚もの色の違った版を重ねて完成させる。わずかなずれやゆがみも許されない。そして、何度も和紙に摺り込まれても、彫り面が欠けてはいけない。ヤマザクラ材は、そのような繊細な仕事に対応できる最適材とされている。

左ページ：ヤマザクラ材の浮世絵版木（作：3代目大倉半兵衛）。1枚の絵を完成させるのに、色ごとに赤版、青版というように絵柄を木に彫ってから、摺り重ねていく。1：高さ15〜20m、直径50〜60cmほどの高木。3〜4月頃、新葉が開く頃にやや赤味のある花が咲く（ソメイヨシノは、葉が出る前に開花）。5〜6月頃、直径1cm足らずの球形の果実（核果）が黒紫色に熟す。2：樹皮は赤味を帯びており、横向きの線模様が入る。老木は黒っぽくなる。3：葉は卵形〜楕円形で、葉先は細長く伸びる。長さ8〜12cm、幅3〜5cm程度。単葉、互生。縁には細かくて鋭いギザギザの鋸歯がある。両面ともにほぼ無毛で、裏面は白っぽい（ソメイヨシノはヤマザクラより白くない）。4：和菓子の木型にもヤマザクラが使われる。

ヤマナシ

山梨

別名	ニホンヤマナシ
学名	*Pyrus pyrifolia*
科名	バラ科（ナシ属）
	落葉広葉樹（散孔材）
分布	本州、四国、九州
比重	0.68〜0.85

心材と辺材の区別がはっきりしない。やや赤味を帯びた色合いをしている。木目が細かく、肌目は緻密。やや重くて硬く暴れにくい。耐久性が高く、摩耗しにくい。加工時に、わずかに甘い匂いを感じる。乾燥後は匂わない。

097 ヤマナシ

肌目が緻密で摩耗しにくいなどの材質から、墨型の定番の材に

ヤマナシは野生種で、果樹として栽培されている主要な和ナシの基本種である。果実は直径2〜3cmほどの球形で、堅くて渋いので食用に適さない。

材質は、果樹材特有の肌目の緻密さや滑らかさを有する。「年輪がはっきり見えず、ほどほどの硬さでヤマザクラに近い感触がする。ウメほどは硬くない」（木工家）。ヤマナシは特徴を生かして特殊な用途に使われている。それは、墨の木型である。

墨には細密な絵や書き文字が彫られるので、適度に硬い、目が細かい、逆目が少ない、彫り跡が欠けにくい、仕上がり面がきれいなどの特性が、墨型の彫刻に最適とされる。墨の製造工程で、煤と膠（にかわ）を練り合わせたものを木型にはめ込んでプレスする際、「吸水性のよいヤマナシは墨の水分を吸収する。何回もこの作業を繰り返しても木型は変形しない。摩耗もせずに長持ちする。これらの点からも墨型に向いている」（「墨の資料館」館員）という。

西洋ナシの材（ペアウッド P. communis）は、ヨーロッパでウィンザーチェア部材、チェンバロのジャック（弦をはじく部材）などに利用されてきた。

左ページ：ヤマナシで作られた墨の木型（「墨の資料館」所蔵、写真1も同）。煤（すす）と膠（にかわ）を練り合わせ、さらに香料を加えて揉み込んだ墨の玉を木型に入れる。プレスしてから約30分後に型から取り出し、灰の入った箱で1〜3カ月間乾燥させる。その後、数カ月から1年ほど自然乾燥させて墨が出来上がっていく。**1**：墨の木型。**2**：高さ10〜15m、直径30〜60cmほどの高木。4〜5月頃、短枝の先に5〜10個の白い花（直径3cm前後）が房状に集まってつく。9〜10月頃、直径2〜3cmの球形をした果実が熟す。栽培種のナシとは違って、堅くて渋味があり食用には向かない。**3**：樹皮はわりと黒っぽく、うろこ状や縦に裂け目が入る。**4**：葉は卵形で、葉先はやや尖る。長さ6〜15cm、幅4〜6cm程度。単葉、互生。縁には細かいギザギザの鋸歯がある。

ユズリハ

譲葉、交譲木、楪

別名	ユズルハ
学名	*Daphniphyllum macropodum*
科名	ユズリハ科（ユズリハ属）
	常緑広葉樹（散孔材）
分布	本州（東北地方南部以南）、四国、九州
比重	0.55〜0.70

098 ユズリハ

年輪はあまりはっきり見えない。肌目は緻密。心材と辺材の区別はつきにくい。全体的にやや灰色がかったクリーム色をしている。ほどほどの硬さで粘りがある。「材の雰囲気はトチに似た感じがする。トチよりは硬くて、肌目が緻密」(木工家)。特に匂いを感じない。

縄文人に石斧の柄として使われていた。正月飾りにもなる縁起物の木

春に若葉が出る頃、まだ落ちずに残っている古い葉と入れ替わる様子が見られる木である。これが、ユズリハ(譲り葉)の名が付いた由来だ。「子が成長した後に親が譲る」ことになぞらえて、子孫繁栄を象徴する縁起のいい木とされ、正月飾りにも用いられる。

材質は比較的硬くて粘りがある。現在、材はほとんど流通していないが、古代にはかなり活用されていたことが遺跡の出土品から推察できる。福井県の鳥浜貝塚遺跡(若狭湾に近い三方五湖の湖畔付近)からはユズリハの石斧の柄が出土している。縄文時代前期(今から約6000年前)の遺跡で、丸木舟、櫂、弓、容器、杭などの様々な木製品が発掘された。石斧の柄については、伐採用の石斧にはユズリハ、加工用の石斧にはミズキ科のクマノミズキ(Cornus macrophylla)が素材となっている割合が高い。クマノミズキの比重は0.6〜0.7台で、ユズリハと同程度の重硬さがある。丸木舟にはスギ、容器にはトチなどを使っており、縄文人は身近に生えている木の中から用途に適した材を選んでいたのだ。

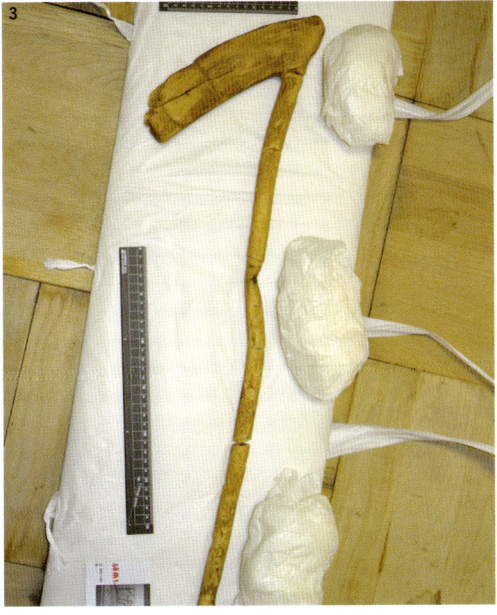

左ページ：葉は細長い楕円形で、葉先はやや尖る。長さ10〜20cm、幅3〜7cm程度。枝先に集まって下に垂れる傾向にある。縁は滑らかで、やや肉厚(革質)。両面とも無毛。裏面は白っぽい。葉柄が長く、赤っぽい。1：樹皮は灰色がかった褐色系。平滑な面にポツポツした模様が入る。2：高さ5〜10m、直径30〜40cmほどの高木。暖地の山野に自生。雌雄異株で、5〜6月頃に小さな花がつく。雄花も雌花も花びらがなく目立たない。11〜12月頃、長さ1cm足らずの楕円形体の果実(核果)が熟す。3：鳥浜貝塚遺跡から出土した石斧の柄(福井県立若狭歴史博物館所蔵)。縄文時代前期(今から約6000年前)に使われていたと推定される。持ち手の部分はユズリハの枝で、先端部の短く曲がっているところが幹。幹の部分に石を括り付けて使用したと考えられている。

099

リュウキュウコクタン
琉球黒檀

別名	ヤエヤマクロキ（八重山黒木）、ヤエヤマコクタン（八重山黒檀）、クロキ、クルチ
学名	*Diospyros egbert-walkeri* （別名：*D. ferrea* var. *buxifolia*）
科名	カキノキ科（カキノキ属）常緑広葉樹（散孔材）
分布	沖縄、奄美大島、インド原産
比重	0.74〜1.21

099
リュウキュウ
コクタン

年輪がはっきり見えない。灰色に近い白色の地に、真っ黒の部分がある。黒色には艶がある。日本に生えている木の中では最も重硬な木の一つ（他に、モクマオウ、イスノキ、アカガシなど）。硬いだけではなく逆目も出ることがあるので、加工しづらい。ほのかに甘い匂いを感じることがある。

日本に生えている木の中で最も重硬な木の一つ。三線の棹（さんしん）の最高級材

1

沖縄県外の人に、「日本にもコクタン（黒檀）が生えている」と話すと、驚かれることが多い（特に、樹木に詳しい人に）。沖縄ではクルチやクロキ（ハイノキ科のクロキとは異なる）などの名で呼ばれ、街路樹、公園樹、庭木として親しまれている。

比重数値が1前後で、日本に生えている木の中では最も重くて硬い木の一つである。黒白の色が木肌にはっきりと現れるが、色の違いによる硬さの差は出ない。インドネシア産のシマコクタンやアフリカ産のマグロよりも硬い傾向にある。

材は、琉球王朝時代から三線の棹の最高級材として扱われてきた。理由としては、硬いけれども素直な木目、木肌が緻密、耐久性の高さ、適度な白味の入り方、きれいな音色が出るなどが挙げられる。現在は良材の確保が難しく、フィリピン産のコクタンなどの使用が多い。沖縄の街中や民家の生け垣にもよく植えられているのだが、材としてまとまって出ることはほとんどない。硬さにそれほど遜色のないイスノキ（沖縄ではユシギと呼ぶ）も棹に使われている。ただし、ランクが落ちる扱いである。

3

左ページ：最高級品の三線の棹に使われる。1：高さ8〜10mほどの常緑樹。枝分かれの多い木。沖縄以南の熱帯アジアからアフリカ東部にまで生育。奄美地方には自生していなかったが、植栽されている。沖縄では街路樹や公園樹としてよく見かける。5〜6月頃、淡い黄緑色の小さな花がつく。8〜10月頃、長さ1〜2cmほどの楕円形体の果実が、黄色から紅色に変色しながら熟す。2：樹皮は黒っぽい色合い。比較的滑らかな表面に、細かい点々のような模様が入る。3：葉は楕円形で、葉先は尖っておらず丸みがある。長さ3〜6cm程度。単葉、互生。両面どちらも無毛。厚めの革で、触ると硬い。

205

リュウキュウマツ
琉球松

別名	オキナワマツ（沖縄松）、マーチ
学名	*Pinus luchuensis*
科名	マツ科（マツ属）
	常緑針葉樹
分布	トカラ列島〜沖縄
比重	0.52*

成長が早いので、木目が粗い。マツ類の中では、木目が濃くない。全体的に白っぽい。白い色味の中に、時折混じる金色系の目がきれい。針葉樹としては比較的硬く、松ヤニが少なめ。加工しやすい。マツ類特有の匂いをほんの少し感じる。

100
リュウキュウマツ

様々な用途に使われる沖縄の有用材。条件の悪い場所でも生育可能

沖縄では各地で見かけるポピュラーな木で、県木に指定されている。よほどひどい条件でない限りどのような土壌でも生育できる。崩壊跡地などの日当たりのいい裸地に、早い段階で芽を出すパイオニア種でもある。成長するのがかなり早く、幹はほぼ真っすぐに伸びていく。耐風性や耐潮性が高いこともあり、防潮・防風林、緑化樹、街路樹、公園樹などに幅広く植栽される。

材は、針葉樹としては比較的硬い部類に入る。弾性や耐久性にも優れている。水湿にも強い。他のマツに比べて木目は濃くなく素直な印象を受け、加工も容易。森林蓄積量が多く、材を入手しやすい。やや反りやすい、小さな割れが入ることがある、白蟻に弱いなどの短所もあるが、昔から沖縄周辺では、建築土木用材などから家具材や道具類に至るまで様々な用途に使われてきた。針葉樹材は早材と晩材の硬さのギャップが大きいので、ロクロ加工をやりづらいことが多いが、リュウキュウマツは問題なく挽ける。パルプ材にも適しており、大量に利用されてきた。

左ページ：ユートゥイ（別名：アカトゥイ、糸満海人工房・資料館所蔵）。サバニ（沖縄の伝統的な小型漁船）の底に溜まった海水を汲みだす道具。材はリュウキュウマツの根元に近い幹。サバニの船底の曲面に合わせて、ユートゥイの底に緩やかなカーブがついている。（下）リュウキュウマツを挽いて作られた盆（作：木の工房 楽樹）。直径30㎝。1：高さ20m、直径60㎝ほどの高木。高さ30m前後に達する木がある。成長すると、樹形は平らな傘形になる。雌雄同株で、3〜4月頃に開花。球果（松ぼっくり）は長さ約5㎝、直径2〜3㎝の卵形。2：樹皮はやや赤味があるが、アカマツほど赤くはない。うろこ状や亀甲状の裂け目が入る。3：葉は、2本の針状の葉が一組になってつく2葉性（クロマツやアカマツと同じタイプ）。長さ10〜20㎝程度。細くて柔らかい。

207

101 リョウブ
令法

別名	ハタツモリ（畑積り、畑つ守、旗積り）
学名	*Clethra barbinervis*
科名	リョウブ科（リョウブ属）
	落葉広葉樹（散孔材）
分布	北海道（南部）、本州、四国、九州
比重	0.74

心材と辺材の区別はわかりにくい。全体的に白に近いクリーム色をしている。肌目が緻密で、木肌は滑らか。少し硬めで暴れにくい。加工しやすく、仕上がりがきれいで光沢が出る。匂いをほとんど感じない。商業ベースでの材の流通はほとんどない。

101
リョウブ

樹皮が剥がれた跡のまだら模様が印象的。材は強靭で、木肌が滑らか

濃いベージュ色をした樹皮が、不規則に薄く剥がれている様子が印象に残る。剥がれた跡や元々の樹皮が、白色、ベージュ色、焦げ茶色などの色がついたまだら模様を織りなす。表面を触るとすべすべしている。サルスベリ、ナツツバキ、ヒメシャラ、モミジバスズカケノキなども、このような樹皮の雰囲気である。これらの木と見分けるには、葉を観察すればよい。リョウブの葉の縁には、鋭く尖った鋸歯がついている。サルスベリには鋸歯がなく縁は滑らか。ナツツバキとヒメシャラは鋸歯が浅く丸みを帯びる。モミジバスズカケノキの葉は、大ぶりで大きな切れ目が入っている。

材は、比重が0.7台とやや重くて硬い。木肌の滑らかさや艶の出方など、全体的に質感がツバキに似ている。板材としてはあまり使われないが、独特の風合いの樹皮を生かして、皮付き丸太の床柱などに用いられる。強靭さも持ち合わせるので、椅子の背棒や道具類（玄能など）の柄などに使われることがある。若葉は食用となり、昔から救荒植物として知られていた。

左ページ：正子椅子。木工家・槙野文平が随筆家の白洲正子から頼まれて作った椅子と同タイプ（現在、槙野さんが自宅で使用）。背棒と脚などにリョウブを使用している。座板はナラ、アームはクリ。1：高さ3〜7m、直径5〜25cmの小高木。根元から枝分かれして株立ちすることが多い。6〜8月、多数の小さな白い花が、10〜20cmの長さの房状になって枝につく（総状花序というタイプ）。10〜11月、直径3〜4mmほどの扁平な球形の果実（さく果）が熟す。2：真ん中の木槌はリョウブで作られている（作：槙野文平）。3：樹皮は滑らかで、薄く剥がれていく。剥がれ跡を触るとツルツルした感触。肌色、褐色などの色がついたまだら模様になる。サルスベリなどの樹皮に似る。4：葉は楕円形で、葉先は短く尖る。長さ6〜15cm、幅3〜9cm程度。縁は鋭く尖った細かいギザギザの鋸歯がある。表面は無毛で、裏面は葉脈の上に細かい毛が生える。単葉、互生（注意して見ないとわかりにくい）。

その他の木材見本

101種以外の木材見本を紹介します（神代を含めて35種）。
*神代（じんだい）とは、埋もれ木のこと（P215参照）。
*環孔材、散孔材などの記載があるものは広葉樹。記載のないものは針葉樹。
*数字は気乾比重。
*アカメガシワ以降は五十音順。

○ 神代ナラ

○ 神代カエデ

○ 神代ニレ

○ 神代クリ

○ 神代ホオ

○ 神代ケヤキ

○ アカメガシワ（トウダイグサ科 アカメガシワ属）環孔材 0.59

○ 神代スギ

○ イイギリ（ヤナギ科 イイギリ属）散孔材 0.47

○ 神代タモ

○ イブキ〔ビャクシン〕（ヒノキ科 ビャクシン属）0.65

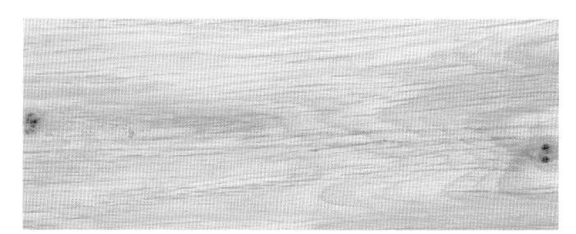

- ウバメガシ（ブナ科 コナラ属）放射孔材 0.99
- サワグルミ（クルミ科 サワグルミ属）散孔材 0.45
- カゴノキ（クスノキ科 ハマビワ属）散孔材 0.70 
- シキミ（マツブサ科 シキミ属）散孔材 0.67 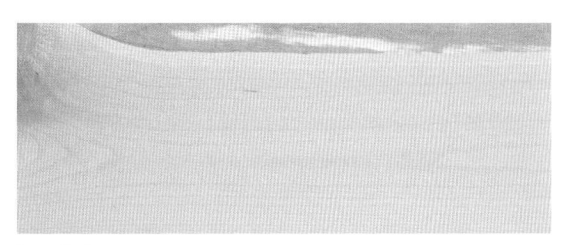
- キンモクセイ（モクセイ科 モクセイ属）散孔材 0.71*
- シラビソ〔シラベ〕（マツ科 モミ属）0.41
- クヌギ（ブナ科 コナラ属）環孔材 0.85 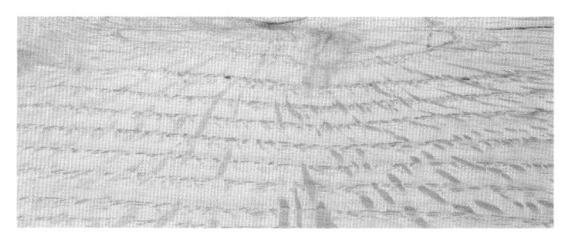
- トウヒ（マツ科 トウヒ属）0.43
- コシアブラ（ウコギ科 コシアブラ属）環孔材 0.45 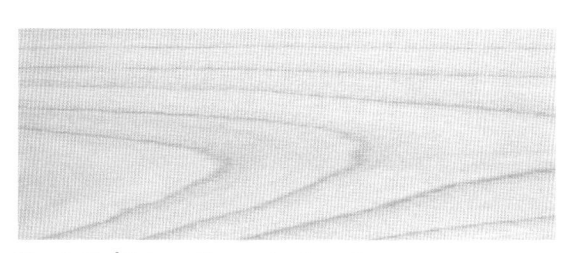
- ドロノキ〔ドロヤナギ〕（ヤナギ科 ヤマナラシ属）散孔材 0.42
- ザクロ（ミソハギ科 ザクロ属）散孔材 0.67* 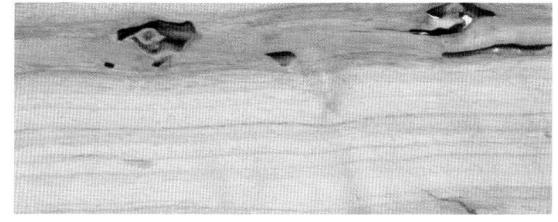
- ナナカマド（バラ科 ナナカマド属）散孔材 0.71

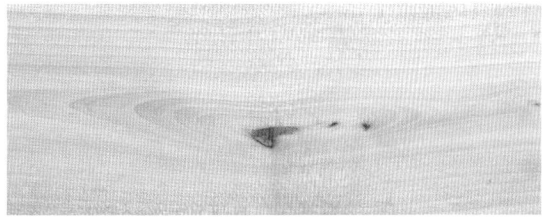

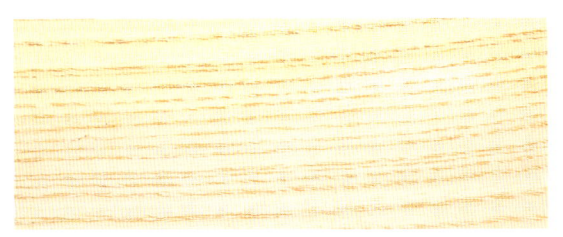

○ ニワウルシ［シンジュ］（ニガキ科 ニワウルシ属）環孔材 0.73

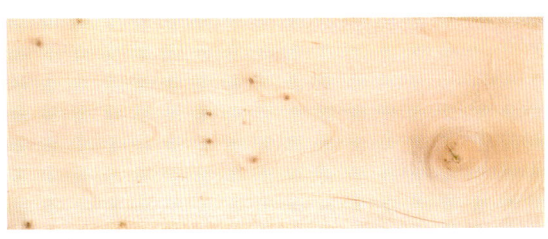

○ メグスリノキ（ムクロジ科 カエデ属）散孔材 0.75

○ ネムノキ（マメ科 ネムノキ属）環孔材 0.53

○ メタセコイア（ヒノキ科〔スギ科〕メタセコイア属）0.31

○ バクチノキ（バラ科 バクチノキ属）散孔材 0.90

○ ヤブニッケイ（クスノキ科 クスノキ属）散孔材 0.56

○ ヒメシャラ（ツバキ科 ナツツバキ属）散孔材 0.75

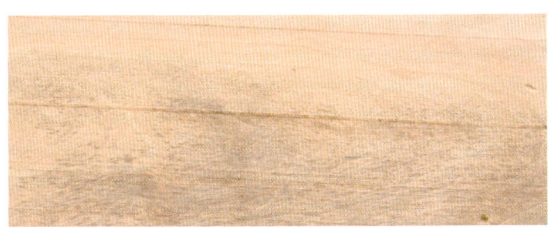

○ ヤマモモ（ヤマモモ科 ヤマモモ属）散孔材 0.73

○ フジキ（マメ科 フジキ属）環孔材 0.71*

○ ユリノキ（モクレン科 ユリノキ属）散孔材 0.47

○ ブドウ（ブドウ科 ブドウ属）散孔材 0.56 *（栽培品種フジミノリ）

○ リンゴ（バラ科 リンゴ属）散孔材 0.73

木の用途別一覧

本書に掲載されている101種の木の主な用途を一覧表にまとめました（今は使われていなくても、昔はよく使われていたものを含む）。本書未掲載の材でも、表の用途に適したものがありますのでご留意ください。

＊太字は、その用途の中で代表的な木。

用途	使用木材（本書掲載の101種の中から選定）
アイスクリームのヘラ	シラカバ
医療用検診棒	シラカバ
印材	ツゲ、ツバキ、マユミ
掛矢	カシ、カマツカ（柄）
家具材	アサダ、イタヤカエデ、オニグルミ、カバ、キハダ、ケヤキ、ケンポナシ、シウリザクラ、シオジ、セン、センダン、タモ、テリハボク、トチ、ミズナラ、ニレ、ネズコ、ブナ、ミズメ、ヤマザクラ
菓子木型	**ホオ**、**ヤマザクラ**
楽器材	アカエゾマツ（ピアノ響板など）、イタヤカエデ（ピアノ部材など）、オノオレカンバ（マリンバなど）、ポプラ、ヤマグワ
鐘突き棒	ケヤキ、シュロ
鎌倉彫	カツラ
かまぼこ板	モミ
玩具	エゴノキ、サルスベリ、ブナ
鉋の台	**イスノキ**、**カシ**
経木	アカマツ、エゾマツ、スギ、ヒノキ、モミ
櫛	**ツゲ**、ツバキ
靴木型	ミズメ
下駄	キリ、ホオ
建築材	アカエゾマツ、アカマツ、イヌマキ、エゾマツ、クロマツ、スギ、ツガ、トガサワラ、トドマツ、ヒノキ、ヒバ、ヒメコマツ、モッコク、モミ、リュウキュウマツ
合板	カラマツ、シナ、スギ、セン、トドマツ、ブナ
こけし	ミズキ
琴	キリ
小箱（工芸品）	イチイ、クスノキ
碁盤、将棋盤	イチョウ、カツラ、**カヤ**
梱包材	カラマツ、トドマツ
指物	イチイ、イヌエンジュ、カラマツ、**キハダ**、クリ、**ケヤキ**、ケンポナシ、シオジ、セン、タモ、トチ、ホオ、ミズメ、**ヤマグワ**
鞘（日本刀）	ホオ
三線の胴	イヌマキ
漆器下地	エノキ、ガジュマル、カツラ、クリ、ケヤキ、セン、デイゴ、トチ、ヒノキ、ブナ、ミズメ
笏（しゃく）	イチイ
三味線や三線の棹	イスノキ、カシ、リュウキュウコクタン
集成材	カラマツ、スギ、トドマツ、ヒノキ
数珠	ウメ
将棋駒	**ツゲ**、ツバキ、マユミ
薪炭材	エノキ、コナラ、シイ
水中メガネの枠	モンパノキ
スキー板（昔の）	アサダ、イタヤカエデ
墨木型	ヤマナシ

用途	使用木材（本書掲載の101種の中から選定）
すりこ木	サンショウ
線香	タブノキ
象嵌	ウルシ、クロガキ、センダン、ニガキ、ハゼ、ミカン、ミズキ
葬祭具	ヒノキ、モミ
そろばん珠	イスノキ、ウメ、オノオレカンバ、カシ、ソヨゴ、モチノキ
太鼓の胴	ケヤキ、セン
建具材	スギ、ネズコ、ヒノキ、モミ
樽（ウイスキー）	ミズナラ
樽（日本酒、味噌など）	スギ
茶道具	ウメ、クロガキ、ヤマグワ
ちょうな（柄）	イヌエンジュ
つまようじ	クロモジ、シラカバ
道具（大工道具、農具など）の柄	イスノキ、イヌエンジュ、カシ、カマツカ、グミ、ケヤキ、シデ、ホオ、リョウブ
床柱	アカマツ、イスノキ、イチイ、イヌエンジュ、クリ、クロガキ、コブシ、サルスベリ、シイ、シデ、スギ、ナンテン、ネズミサシ、ヤマグワ、リョウブ
土木用材	カラマツ、クリ、トドマツ、ヒノキ、ヒバ、リュウキュウマツ
撥（三味線など）	カシ、ヒイラギ
バット	アオダモ、ヤチダモ
パルプ材	アカエゾマツ、エゾマツ、スギ、トドマツ、ヒノキ、リュウキュウマツ
版木	ツゲ、ホオ、**ヤマザクラ**
引き出し	キリ、シナノキ
拍子木	イスノキ、**カシ**、ヤマザクラ
仏像	カツラ、カヤ、クスノキ、ケヤキ、セン、センダン、ヒノキ、ヤマグワ、ヤマザクラ
仏壇	イヌマキ、ケヤキ、ケンポナシ、ヤマグワ
風呂桶	イヌマキ、**コウヤマキ**、**サワラ**、ヒノキ、ヒバ
フローリング材	アサダ、イタヤカエデ、カバ、カラマツ、ハンノキ、ブナ、ミズメ
帽子木型	イチョウ
木刀	イスノキ、カシ、ビワ
まな板	イチョウ、バッコヤナギ、ホオ
丸木舟	カツラ、スギ、ムクノキ
水桶	コウヤマキ、**サワラ**、ヒノキ、ヒバ
木魚	**クスノキ**、ケヤキ、ヤマグワ
木彫	イチイ、イヌエンジュ、オニグルミ、カツラ、シナ、ヒノキ、ヒメコマツ、ホオ、ヤマザクラ
木棺	コウヤマキ（古代）、モミ
木工芸品	イチイ、イヌエンジュ、オニグルミ、クリ、クロガキ、ケヤキ、ケンポナシ、シオジ、タモ、トチ
弓	ハゼ、マユミ（古代の丸木弓）、ミズメ（古代の梓弓）
寄木細工	ウルシ、カツラ、サンショウ、センダン、チャンチン、ニガキ、ハゼ、ホオ、マユミ、ミカン
欄間	キリ、クスノキ、スギ
和傘（ロクロ）	エゴノキ
割り箸	シラカバ、スギ、トドマツ、ヒノキ

用語解説

本書の中に出てくる樹木や木材関連の用語について、ポイントを絞って解説します（五十音順）。

樹木編

陰樹（いんじゅ）
あまり光の当たらない暗い場所でも生育していく樹木。弱い光でも光合成できる。カシ類、クスノキ、ブナなど。

羽状複葉（うじょうふくよう）
数枚の小葉が羽のように並んで、1枚の葉を形成する複葉。小葉の枚数は個体差がある。イヌエンジュ、オニグルミ、キハダ、センダンなど。

鋸歯（きょし）
広葉樹の葉の縁についているギザギザのこと。ギザギザの大きさや形は木によって異なる。縁に鋸歯がなく滑らかな場合は、全縁（ぜんえん）という。

堅果（けんか）
果皮が木質で堅い果実。果実が熟しても裂けたり開いたりしない。ナラやカシ類のドングリなど。

コクサギ型葉序（こくさぎがたようじょ）
葉が左右2枚ずつ互い違いになって、枝や茎につくこと。ケンポナシなど。

互生（ごせい）
葉が1枚ずつ枝につくものをいう。見た目には互い違いに枝や茎についているように見えるが、多くの場合、枝や茎の周りにらせん状につく。

雌雄異株（しゆういしゅ）、雌雄同株（しゆうどうしゅ）
単性花（雄しべ、または、雌しべの一方だけを有する花）をつける種子植物の中で、雌雄異株は、雌花と雄花を別の株（個体）に持つ植物のことをいう。要するに、花粉を出す器官と受粉して結実する器官が別の株にあるということ。イチイ、イチョウなど。雌雄同株は、雌花と雄花を同じ株（個体）に持つ植物。ブナ、ヒノキなど。

集合果（しゅうごうか）
見かけ上は一つの実に見えるが、多数の果実が密に集まった形の果実。ヤマグワなど。

掌状複葉（しょうじょうふくよう）
小葉が、掌（てのひら）のような形になって1カ所から放射状に出る複葉。トチなど。

小葉（しょうよう）
複葉を構成する葉。小さな葉とは限らず、トチのように大きめの小葉もある。

照葉樹（しょうようじゅ）
常緑広葉樹の中で、葉が深緑色で分厚く、表面の光沢が強い樹木の総称。太陽の光を受けると輝いて見えることから、照葉樹の名で呼ばれる。カシ類、シイ類、タブノキ、クスノキ、ツバキなど。

早材（そうざい）
木の1年間の成長期間の中で（1年輪の中で）、早い時期に形成された部分の材。細胞が大きく、密度が低い。早材の形成期間は春頃なので、春材ともいう。晩材（夏材）に対する語。

対生（たいせい）
葉が対になって、枝や茎につくこと。

単葉（たんよう）
広葉樹において、1枚だけの葉身からなる葉。

パイオニアツリー
山火事や土地造成などで裸地になった場所に、最も早く芽を出して早く成長していく先駆性の樹木。シラカンバなど。

晩材（ばんざい）
木の1年間の成長期間の中で（1年輪の中で）、成長期の後半に形成された部分の材。細胞が小さく、密度が高い。夏材ともいう。早材（春材）に対する語。

複葉（ふくよう）
広葉樹において、複数の小葉によって1枚の葉を形成する葉。つき方によって、羽状複葉、掌状複葉などのタイプがある。

蜜腺（みつせん）
花や葉にある、蜜を分泌する器官。サクラ類は葉柄についている。

陽樹（ようじゅ）
光がよく当たる明るい場所を好む樹木。アカマツ、クロマツ、シラカンバなど。

葉身（ようしん）
葉の主要部分（平らなところ）。

葉柄（ようへい）
葉身と茎や枝をつなげる柄の部分。

翼果（よくか）
種子に翼が生えたような形の果実。熟しても果実が開かない。風で遠くまで飛ばされる。イタヤカエデなど。

木材・用途 編

板目 (いため)
板の木目が山形や不規則な波形になっているものをいう。丸太の中心をはずして挽いた時に現れる。

環孔材 (かんこうざい)
径が大きめの道管が、年輪界（年輪の境界線）に沿って並んでいる材。年輪がはっきり見える。ケヤキ、ニレ、ヤチダモ、ミズナラ、クリなど。

木口 (こぐち)
丸太などの中心軸に対して直角に切った横断面（木材の繊維方向に、直角に切った切り口の面）のこと。

逆目 (さかめ)
木目に逆らって鉋やノミなどで材を削った際に引っ掛かる、目の方向。

指物 (さしもの)
木の板を組み立ててつくる、箱や家具などの木製品のこと。二つの材を接合する際には、多種多様な接ぎ手の技法が用いられる。

散孔材 (さんこうざい)
道管が木口全体に散らばっている材。年輪がはっきり見えないものが多い。カバ類、カエデ類、カツラ、ブナ、コクタンなど。南方系の外材のほとんどが散孔材。

集成材 (しゅうせいざい)
大きな節や腐れなどを取り除いた板材を、接着剤で貼り合わせた木材。接着の際には、材の繊維方向にそろえておく。柱や梁などに用いる構造用集成材、階段の手摺りなどに用いる造作用集成材などがある。

心材 (しんざい、heartwood)
幹の内部の中心部付近の材。色が濃く、含水率が低い場合が多い。心材部分の細胞は死んだ状態になっている。一般的に、材の耐久性は辺材よりも高い。赤身（あかみ）ともいう。

神代 (じんだい)
長い年月にわたって土中に埋もれていた間に、黒褐色など濃い色味に変色した木の通称。神代木、埋もれ木ともいう。河川改修工事や土地造成などの際に掘り出される。木の種類によって、神代杉、神代カツラなどと呼ばれ、貴重な材なので高値で取引される。渋い趣のある色味を生かし、造作材や工芸作品などに用いられる。

森林蓄積量 (しんりんちくせきりょう)
森林を構成する樹木の体積のこと。日本全体の森林蓄積量は約49億立方メートル（2012年3月末の数値、1966年の約2.6倍）。

象嵌 (ぞうがん)
木材や金属の表面を刻み込み、その部分に異なる材料をはめ込んで模様をつくること。木材の場合、異なる色の木材を何種類かはめ込む。

道管 (どうかん)
広葉樹に見られる、水分の通り道の役目を果たす組織。広葉樹材は道管の並び方によって、環孔材、散孔材、放射孔材などに分けられる。針葉樹は、仮道管（かどうかん）が水分の通路の役目をする。

箱物 (はこもの)
タンスや棚など、構造が箱状になっている家具のことをいう。椅子やテーブルなどを脚物（あしもの）と呼ぶ。

挽き物、挽物 (ひきもの)
ろくろや旋盤で、材を挽いて（削って）加工して仕上げた器、椀、盆、皿など。

拭き漆 (ふきうるし)
生漆（きうるし）を刷毛や布で木地に摺り込み、余分な漆を拭き取ってから乾燥させる。この基本となる作業を何回か繰り返して仕上げていく方法。「摺り漆」ともいう。

辺材 (へんざい、sapwood)
幹の樹皮側の部分（心材の外側）の材。色が白っぽい傾向にあり、白太（しらた）ともいう。心材よりも耐久性が劣るとされる。

放射孔材 (ほうしゃこうざい)
道管が樹心を中心にして放射状に並ぶ材。カシ、シイなど。

柾目 (まさめ)
年輪がほぼ平行に走っている木目。丸太の中心から放射状に挽いた時に現れる。柾目で木取りした材は、板目よりも反りや狂いが少ない。

杢 (もく、figure)
木材の面に現れた、特殊な木目の文様。タモやトチなどに見られる縮み杢、クスノキの玉杢、カエデの鳥眼杢、ミズナラの虎斑（とらふ）など。

寄木細工 (よせぎざいく)
色の異なる様々な木材を組み合わせて、幾何学文様などを表現する木工技術。市松、麻の葉、亀甲、矢羽根などと呼ばれる文様がある。黄色系の表現にはニガキやウルシ、白色系ではミズキなどが使われる。産地としては箱根（神奈川県）が有名。

ろくろ (轆轤)
広義は、回転を利用して仕事をすることの総称。狭義では、軸の一端に木材を固定させ、軸を回転させながら刃物を当てて材を削り、椀などの木地をつくる機械のこと。

樹種名索引（五十音順）

- 太字:見出しになっている樹種及び掲載ページ。
- 細字:見出し以外の樹種（別名、本文と写真説明にのみ記載など）及び掲載ページ。見出し樹種が、他の樹種の項で触れられているページ。
- 名前の後に＊が付いている樹種は、「その他の木材見本」（P210～212）に木材写真掲載。

ア	アオギリ	65		ウラジロガシ	105
	アオダモ	**8**		ウラジロノキ	21
	アカエゾマツ	**10**、41		ウルシ	36、51、91、141、151
	アカガシ	12、105、205		ウワミズザクラ	95
	アカギ	14		ウンシュウミカン	177
	アカシア	143	**エ**	**エゴノキ**	**38**
	アカシデ	98		**エゾマツ**	11、**40**、137
	アカダモ	144		エゾヤマザクラ	199
	アカマツ	**16**、37、43、51、73、117、163、191、207		**エノキ**	**42**、185
	アカミノキ	188		エノミ	42
	アカメガシワ＊	210		エノミノキ	42
	アカン	14		エルム	144
	アキグミ	68		エンジュ（イヌエンジュ属）	30、143
	アキニレ	144		エンジュ（エンジュ属）	31
	アクダラ	110	**オ**	オウバク	62
	アコウ	51		オオガシ	12
	アサダ	**18**		オオナラ	180
	アサマツゲ	124		オオバガシ	12
	アズキナシ	**20**		オオバクロモジ	75
	アズサ	175、182		オオバボダイジュ	101
	アスナロ	81、160		オオヤマザクラ	199
	アテ	161		オキナワマツ	206
	アハギ	14		**オニグルミ**	**44**
	アフチ	112		オノオレ	46
	アベマキ	71		**オノオレカンバ**	**46**
	アメリカデイゴ	129		オヒョウ	144
	アララギ	26		オマツ	17、72
	アルダー	155		オレゴンパイン	133
	アンズ	35		オンコ	26
イ	イイギリ＊	210	**カ**	カイコウズ	129
	イエローシーダー	161		カエデ	25、111、179
	イエローポプラ	173		**カキ**	**48**
	イスノキ	13、**22**、33、47、105、165、187、205		カキノキ	48
	イタジイ	92		カゴノキ＊	211
	イタヤカエデ	**24**、35		カシ	13、23、47、105、157、165、175、181
	イタリアクロポプラ	172		カジキ	166
	イタリアヤマナラシ	172		ガジマル	50
	イチイ	**26**、59		**ガジュマル**	**50**、193
	イチイガシ	13		カシワ	83、181
	イチョウ	**28**、153		カタスギ	20
	イヌエンジュ	**30**、37、71、143		**カツラ**	29、**52**
	イヌガヤ	59		カバノキ	54
	イヌグス	118		カバ類	46、54、106、182、199
	イヌザクラ	95		**カマツカ**	**56**
	イヌザンショウ	91		**カヤ**	27、29、**58**
	イヌシデ	99		カラスザンショウ	91
	イヌツゲ	125		**カラマツ**	**60**
	イヌブナ	169		カワキ	132
	イヌマキ	11、27、**32**、61		カンバ	54
	イブキ＊	210	**キ**	キササゲ	121
	イワシデ	99		キタコブシ	85
ウ	ウェスタンヘムロック	123		キタゴヨウ	162
	ウェスタンレッドシーダー	147		**キハダ**	**62**、141、197
	ウシコロシ	56		キャーギ	33
	ウシタタキ	57		**キリ**	**64**、129
	ウシノハナギ	57		キワダ	62
	ウダイカンバ	54		ギンナン	28
	ウバメガシ＊	211		キンモクセイ＊	211
	ウメ	21、**34**、201	**ク**	クサマキ	32

216

	クス	53、63、66
	クスノキ	**66**、119
	クヌギ*	71、83、211
	クマシデ	99
	クマノミズキ	203
	グミ類	**68**
	クリ	**70**、79、101、209
	クルチ	204
	クルマミズキ	178
	クルミ	44
	クロエゾマツ	11、40
	クロガキ	**48**
	クロガネモチ	187
	クロキ(カキノキ科)	204
	クロキ(ハイノキ科)	205
	クロベ	146
	クロマツ	17、27、**72**、163、207
	クロモジ	**74**
	クワ	31、63、196
ケ	ケケンポナシ	79
	ケヤキ	43、63、**76**、79、101、111、113、135、145、185、197
	ケヤマハンノキ	155
	ケンノミ	78
	ケンポ	78
	ケンポナシ	**78**
コ	コウノキ	52
	コウヤマキ	33、**80**
	コクタン(黒檀)	23、33、49、173、205
	コシアブラ*	211
	コジイ	92
	コソネ	98
	コナラ	**82**、181
	コバチ	96
	コバノトネリコ	8
	コブシ	**84**
	コブシハジカミ	84
	ゴヨウマツ	162
サ	サクラ	21、35、85、95、183、199
	ザクロ*	211
	ザツカバ	55
	サルスベリ	**86**、209
	サルヤナギ	152
	サワグルミ*	45、97、211
	サワシバ	99
	サワラ	81、**88**、133、159、161
	サワラギ	88
	サワラトガ	132
	サンショウ	**90**
シ	**シイ**	**92**
	シイノキ	93
	シウリザクラ	**94**
	シオジ	9、**96**、195
	シオリザクラ	94
	シキミ*	211
	シコロ	62
	シタン	23、131
	シデ	19、**98**
	シナ	100、169
	シナノキ	**100**
	シバグリ	70
	シマグワ	197
	シマコクタン	205
	シマサルスベリ	87
	シャムツゲ	125
	シュリザクラ	94

	シュロ	102
	ショウユノキ	52
	ショーシギー	114
	シラカシ	13、**104**
	シラカバ	106
	シラカンバ	55、**106**、169
	シラビソ*	211
	シラベ*	211
	シンジュ*	212
	神代カエデ*	210
	神代カツラ	27
	神代クリ*	210
	神代ケヤキ*	210
	神代シオジ	97
	神代スギ(杉)*	147、210
	神代タモ*	210
	神代ナラ*	210
	神代ニレ*	121、210
	神代ホオ*	210
ス	**スギ**	11、17、27、89、**108**、123、147、159、161、203
	スダジイ	92
	スプルース	11
セ	セイヨウハコヤナギ	172
	セイヨウヒイラギ	157
	セン	**110**
	センダン	**112**、121
	センノキ	110
ソ	**ソウシジュ**	**114**
	ソーシギ	114
	ソバグリ	168
	ソメイヨシノ	85、199
	ソメギ	116
	ソヨゴ	**116**
	ソロ	98
タ	ダイオウマツ	163
	タイヒ(台湾檜)	159
	タイワンアカシア	114
	タイワンツゲ	125
	タイワンヤナギ	114
	ダグラスファー	133
	ダケカンバ	54、107
	タブ	118
	タブノキ	**118**
	タマグス	118
	タマナ	130
	タムシバ	85
	タモ	8、71、97、111、145、194
チ	チシャノキ	38
	チャーギ	32
	チャンチン	113、**120**、141
	チョウセンゴヨウ	163
ツ	**ツガ**	**122**、133、191
	ツキ	76
	ツクバネガシ	13
	ツゲ	23、35、**124**、127、173、175、187
	ツタウルシ	37
	ツバキ	121、**126**、175、209
	ツブラジイ	92
	ツルグミ	68
テ	ディグ	128
	デイコ	128
	デイゴ	65、**128**
	テーダマツ	163
	テリハボク	**130**
	テングノハウチワ	110

217

ト	テンプナシ	78
	ドイツトウヒ	11
	トウヒ*	211
	トウヘンボク	120
	トガ	122、133
	トガサワラ	**132**
	トキワカエデ	24
	トチ	53、67、**134**、171、203
	トチノキ	134
	トドマツ	41、**136**
	トネリコ	9
	ドロノキ*	173、211
	ドロヤナギ*	173、211
ナ	ナガジイ	92
	ナツグミ	68
	ナツツバキ	87、209
	ナツミカン	177
	ナナカマド*	21、121、211
	ナラ	83、181、209
	ナワシログミ	68
	ナンテン	113、**138**、141
ニ	ニガキ	37、63、91、**140**、151、177
	ニセアカシア	31、**142**
	ニセケヤキ	110
	ニッポンタチバナ	177
	ニホンヤマナシ	200
	ニレ	**144**
	ニワウルシ*	212
ネ	ネコヤナギ	153
	ネズ	148
	ネズコ	81、89、**146**
	ネズミサシ	**148**
	ネムノキ*	212
ノ	ノグルミ	45
	ノミヅカ	57
ハ	ハードメープル	25
	ハイネズ	149
	ハイマツ	163
	ハカリノメ	20
	バクチノキ*	212
	ハジカミ	90
	ハゼ	37、141、150
	ハゼノキ	**150**
	ハタツモリ	208
	バッコヤナギ	**152**
	ハッサク	177
	ハナギリ	64
	ハネカワ	18
	ハマスーキ	192
	ハマムラサキノキ	192
	ハリエンジュ	142
	ハリギリ	110
	ハリノキ	154
	ハルニレ	144、173
	ハンノキ	**154**、195
ヒ	**ヒイラギ**	**156**
	ヒノキ	27、81、89、147、149、**158**、161
	ヒノキアスナロ	160
	ヒバ	**160**
	ヒメコマツ	**162**
	ヒメシャラ*	87、209、212
	ヒャクジツコウ	86
	ビャクシン*	210
	ビャクダン	113
	ヒョンノキ	22

	ヒワ	164
	ビワ	**164**
	ピンタンゴール	130
フ	**フクギ**	**166**
	フクギィ	166
	フクヂ	166
	フクラ	116
	フクラシバ	116
	福良木（ふくらそう）	117
	フジキ*	212
	フジマツ	60
	ブッポウノキ	188
	ブドウ*	212
	ブナ	**168**
ヘ	ペアウッド	201
	ベイスギ	147
	ベイツガ	123
	ベイヒバ	161
	ベイマツ	133
	ベニバナトチノキ	135
ホ	ホウソ	82
	ホオ	63、157、170
	ホオノキ	85、135、**170**
	ホソバガシ	104
	ポプラ	**172**
	ホホガシハ	170
	ホワイトアッシュ	9
	ホワイトファー	191
	ホンガヤ	58
	ポンカン	177
	ホンブナ	168
	ホンマキ	80
マ	マーチ	206
	マカバ	19、25、47、49、54、183
	マキ	32、80
	マグロ	205
	マグワ	197
	マツ	163、207
	マテバシイ	93
	マトガ	132
	マユダマノキ	178
	マユミ	91、**174**
ミ	**ミカン**	**176**
	ミズキ	87、**178**
	ミズナラ	19、83、137、**180**
	ミズノキ	178
	ミズメ	19、55、175、**182**
	ミズメザクラ	183
	ミネバリ	46
	ミノカブリ	18
	ミヤマイヌザクラ	94
ム	ムク	184
	ムクェノキ	184
	ムクノキ	43、77、**184**
	ムメ	34
	ムロ	148
	ムロノキ	149
メ	メープル	9
	メグスリノキ*	212
	メジロカバ	55
	メタセコイア*	212
	メマツ	16
モ	モクマオウ	205
	モチノキ	117、**186**、189
	モッコク	**188**

218

	モミ		123、133、137、**190**		ヤラブ	130
	モミジバスズカケノキ		209		ヤラボ	130
	モミソ		190	**ユ**	ユキツバキ	127
	モムノキ		190		ユシギ	22、205
	モンパノキ		**192**		ユズ	177
ヤ	ヤエヤマクロキ		204		**ユズリハ**	**202**
	ヤエヤマコクタン		204		ユズルハ	202
	ヤチシンコ		10		ユリノキ*	212
	ヤチダモ		97、145、**194**	**ヨ**	ヨグソミネバリ	182
	ヤチハンノキ		154		ヨノキ	42
	ヤナギ		115、153、173		ヨノミ	42
	ヤブツバキ		126	**ラ**	ライデンボク	120
	ヤブニッケイ*		67、212		ラカンマキ	33
	ヤマアララギ		84		羅漢松	32
	ヤマウルシ		37		ラクヨウショウ	60
	ヤマグリ		70	**リ**	**リュウキュウコクタン**	13、23、**204**
	ヤマグワ		**196**		リュウキュウハゼ	150
	ヤマザクラ		21、25、49、71、95、109、**198**、201		**リュウキュウマツ**	**206**
	ヤマツバキ		126		**リョウブ**	87、**208**
	ヤマナシ		**200**		リンゴ*	212
	ヤマナラシ		173	**レ**	レモン	177
	ヤマニシキギ		174	**ロ**	ロウノキ	150
	ヤマネコヤナギ		152		ロクロギ	38
	ヤマハゼ		151	**ワ**	ワジュロ	102
	ヤマハンノキ		155			
	ヤマモモ*		212			

学名索引 (アルファベット順)

- 見出しページの学名欄に記載されている学名：正体数字でページ表記
- 解説や写真説明に記載されている学名：斜体数字でページ表記
- 本文の樹種ごとの見開き2ページ内で同属の学名が記載されている場合、2つ目からは属名を省略形で記載しています。
  索引では省略形を用いず、属名をすべて記載。

A	Abies concolor	*191*			Celtis sinensis	42
	Abies firma	190			Cephalotaxus harringtonia	*59*
	Abies sachalinensis	136			Cerasus jamasakura	198
	Acacia confusa	114			Cerasus sargentii	*199*
	Acacia spp.	*143*			Cercidiphyllum japonicum	52
	Acer pictum	24			Chamaecyparis obtusa	158
	Aesculus ×carnea	*135*			Chamaecyparis pisifera	88
	Aesculus turbinata	134			Cinnamomum camphora	66
	Alnus hirsuta	*155*			Citrus spp.	176
	Alnus hirsuta var. sibirica	*155*			Clethra barbinervis	208
	Alnus japonica	154			Cornus controversa	178
	Alnus rubra	*155*			Cornus macrophylla	*203*
	Aphananthe aspera	184			Cryptomeria japonica	108
	Aria alnifolia	20		**D**	Daphniphyllum macropodum	202
B	Betula ermanii	54			Diospyros egbert-walkeri	204
	Betula grossa	182			Diospyros ferrea var. buxifolia	204
	Betula maximowicziana	54			Diospyros kaki	48
	Betula platyphylla var. japonica	106			Distylium racemosum	22
	Betula schmidtii	46		**E**	Elaeagnus pungens	68
	Bischofia javanica	14			Elaeagnus umbellata	68
	Buxus microphylla var. japonica	124			Eriobotrya japonica	164
	Buxus microphylla var. sinica	*125*			Erythrina crista-galli	*129*
C	Calophyllum inophyllum	130			Erythrina variegata	128
	Camellia japonica	126			Euonymus hamiltonianus	174
	Camellia rusticana	*127*			Euonymus sieboldianus	174
	Carpinus laxiflora	98		**F**	Fagus crenata	168
	Castanea crenata	70			Fagus japonica	*169*
	Castanopsis cuspidata	92			Ficus microcarpa	50
	Castanopsis sieboldii	92			Ficus superba var. japonica	*51*
	Cedrela sinensis	120			Fraxinus lanuginosa	8

219

	Fraxinus mandshurica var. *japonica*	194
	Fraxinus platypoda	96
G	*Garcinia subelliptica*	166
	Gardenia spp.	*125*
	Ginkgo biloba	28
H	*Heliotropium foertherianum*	192
	Hovenia dulcis	78
	Hovenia trichocarpa	*79*
I	*Ilex aquifolium*	*157*
	Ilex crenata	*125*
	Ilex integra	186
	Ilex pedunculosa	116
J	*Juglans mandshurica* var. *sachalinensis*	44
	Juniperus conferta	*149*
	Juniperus rigida	148
K	*Kalopanax pictus*	110
	Kalopanax septemlobus	110
L	*Lagerstroemia indica*	86
	Lagerstroemia subcostata	*87*
	Larix kaempferi	60
	Lindera umbellata	74
	Liriodendron tulipifera	*173*
	Lithocarpus edulis	*93*
M	*Maackia amurensis* var. *buergeri*	30
	Machilus thunbergii	118
	Magnolia kobus	84
	Magnolia kobus var. *borealis*	*85*
	Magnolia obovata	170
	Magnolia salicifolia	*85*
	Melia azedarach	112
	Morus alba	*197*
	Morus australis	196
	Morus bombycis	196
N	*Nandina domestica*	138
O	*Osmanthus heterophyllus*	156
	Ostrya japonica	18
P	*Padus buergeriana*	*95*
	Padus grayana	*95*
	Padus ssiori	94
	Paulownia tomentosa	64
	Phellodendron amurense	62
	Picea glehnii	10
	Picea jezoensis	40
	Picrasma quassioides	140
	Pinus densiflora	16
	Pinus koraiensis	*163*
	Pinus luchuensis	206
	Pinus palustris	*163*
	Pinus parviflora	162
	Pinus parviflora var. *pentaphylla*	162
	Pinus pumila	*163*
	Pinus taeda	*163*
	Pinus thunbergii	72
	Podocarpus macrophyllus	32
	Podocarpus macrophyllus var. *maki*	*33*
	Populus maximowiczii	*173*
	Populus nigra var. *italica*	172
	Populus sieboldii	*173*
	Pourthiaea villosa var. *laevis*	56
	Prunus armeniaca var. *ansu*	*35*
	Prunus jamasakura	198
	Prunus mume	34
	Prunus ssiori	94
	Pseudotsuga japonica	132
	Pseudotsuga menziesii	*133*

	Pyrus communis	*201*
	Pyrus pyrifolia	200
Q	*Quercus acuta*	12
	Quercus crispula	180
	Quercus myrsinifolia	104
	Quercus salicina	*105*
	Quercus serrata	82
	Quercus sessilifolia	*13*
R	*Rhus succedanea*	150
	Rhus vernicifera	36
	Robinia pseudoacacia	142
S	*Salix bakko*	152
	Salix caprea	152
	Sciadopitys verticillata	80
	Sorbus alnifolia	20
	Sorbus commixta	*21*
	Styphnolobium japonicum	*31*
	Styrax japonica	38
	Swida controversa	178
T	*Taxus cuspidata*	26
	Ternstroemia gymnanthera	188
	Thujopsis dolabrata	160
	Thujopsis dolabrata var. *hondai*	160
	Tilia japonica	100
	Tilia maximowicziana	*101*
	Toona sinensis	120
	Torreya nucifera	58
	Toxicodendron orientale	*37*
	Toxicodendron succedaneum	150
	Toxicodendron sylvestre	*151*
	Toxicodendron trichocarpum	*37*
	Toxicodendron vernicifluum	36
	Trachycarpus fortunei	102
	Tsuga heterophylla	*123*
	Tsuga sieboldii	122
	Tsuja plicata	*147*
	Tsuja standishii	146
U	*Ulmus davidiana* var. *japonica*	144
	Ulmus laciniata	144
	Ulmus parvifolia	144
Z	*Zanthoxylum ailanthoides*	*91*
	Zanthoxylum piperitum	90
	Zanthoxylum schinifolium	*91*
	Zelkova serrata	76

参考文献

書名	著者名	出版社	発行年
維管束植物分類表	米倉浩司、邑田仁（監修）	北隆館	2013
カラーで見る世界の木材200種	須藤彰司	産調出版	1997
カラー版 日本有用樹木誌	伊東隆夫、佐野雄三、安部久など	海青社	2011
北の木と語る	西川栄明	北海道新聞社	2003
木と日本人	上村武	学芸出版社	2001
樹に咲く花（離弁花1）	石井英美、崎尾均、吉山寛ほか	山と渓谷社	2000
樹に咲く花（離弁花2）	太田和夫、勝山輝男、髙橋秀男ほか	山と渓谷社	2000
樹に咲く花（合弁花・単子葉・裸子植物）	城川四郎、髙橋秀男、中川重年ほか	山と渓谷社	2001
木の事典	平井信二	かなえ書房	1979～87
木の大百科	平井信二	朝倉書店	1996
木の匠 木工の技術史	成田寿一郎	鹿島出版会	1984
木の名の由来	深津正、小林義雄	東京書籍	1993
木の文化	小原二郎	鹿島出版会	1972
原色インテリア木材ブック	宮本茂紀（編）	建築資料研究社	1996
原色 木材加工面がわかる樹種事典	河村寿昌、西川栄明、小泉章夫（監修）	誠文堂新光社	2014
原色木材大図鑑（改訂版）	貴島恒夫、岡本省吾、林昭三	保育社	1986
樹皮・葉でわかる 樹木図鑑	菱山忠三郎（監修）	成美堂出版	2013
樹木の葉	林将之	山と渓谷社	2014
新版 北海道樹木図鑑	佐藤孝夫	亜璃西社	2002
増補改訂 原色 木材大事典185種	村山忠親、村山元春（監修）	誠文堂新光社	2013
続・日本の樹木 山の木、里の木、都会の木	辻井達一	中央公論新社	2006
大日本有用樹木効用編（1903年発行）復刻版	諸戸北郎	林業科学技術振興所	1984
日本の樹木	林弥栄（編）	山と渓谷社	2002
日本の樹木 都市化社会の生態誌	辻井達一	中央公論新社	1995
日本の森と木の職人	西川栄明	ダイヤモンド社	2007
播州そろばん そのルーツと歴史を訪ねて	久保田輝雄、鹿野文	三帆舎	2009
福井県立若狭歴史博物館 常設展示図録	福井県立若狭歴史博物館	福井県立若狭歴史博物館	2015
木材ノ工藝的利用（1912年発行）復刻版	農商務省山林局	林業科学技術振興所	1982
木材の組織	島地謙、須藤彰司、原田浩	森北出版	1976
木材保存学入門（改訂2版）	日本木材保存協会（編集）	日本木材保存協会	2005
森の博物館	稲本正	小学館	1994
やんばる樹木観察図鑑	與那原正勝	沖縄教販	2010
有用樹木図説 林木編	林弥栄	誠文堂新光社	1969
琉球列島有用樹木誌	天野鉄夫	琉球列島有用樹木誌刊行会	1982

＊このほか、各種の辞典や研究機関などのウェブサイトを参考にしました。

協力（敬称略、五十音順）

相富木材加工（北海道）、有賀恵一、伊藤印房（東京）、大見謝恒雄（沖縄県工芸産業協働センター）、加賀谷木材（北海道）、河村寿昌、北区飛鳥山博物館（東京）、粂畑憲史（墨運堂）、古我知毅、並木勝義（森林再生システム宮川事務所）、雑木工房みたに（大阪）、シオジ森の学校（山梨）、総合商研株式会社（札幌）、高瀬文夫商店（大分）、武田製材・ビーバーハウス（三重）、立鳥銘木店（北海道）、長尾版画匠（東京）、奈良県立橿原考古学研究所附属博物館、萩原寛暢、原登志彦（北海道大学低温科学研究所）、福井県立若狭歴史博物館、プラム工芸（岩手）、北海道上川総合振興局、北海道水産林務部、北海道弟子屈町教育委員会、北海道林業・木材産業対策協議会、増田みかん園（東京）、マルト藤沢商店（岐阜）、三重県林業研究所、武蔵野美術大学工芸工業デザイン科木工研究室、もくもく（東京）、森田哲也、森の間カフェ（札幌）、屋宜政廣、安井昇吾、安森弘昌（神戸芸術工科大学）、山田木材工業（北海道）、横井剛（NPO法人「木曽ひのきの森」）

＊このほかにも、数多くの皆様から情報提供や取材の折にご協力をいただきました。改めて御礼申し上げます。

撮影協力（敬称略、五十音順）

＊本書に建築物や道具などの写真を掲載するため撮影に伺い、場所の提供や作品撮影などでご協力いただいた皆様（カッコ内は撮影写真の掲載ページと写真番号）

有賀家具店（P19-3、P83-4、P99-1、P101-3、P121-1）、安藤建築設計工房（P43-2）、一宝本店（P148）、糸満海人工房・資料館（P113-2、P131-1、P189-1、P192下、P206上）、人塚製靴株式会社（P182）、大東漆木工（P65 4）、沖縄県工芸振興センター（P51-1、P113-1、P129-1,2）、沖縄県三線製作事業協同組合（P22下、P33-3、P204）、桶数（P80、P89-1、P159-4）、小野市伝統産業会館・そろばん博物館（P22上、P35-4、P117-3、P187-1）、ギャラリー＆カフェそらいろの丘（P37-4、P95-1）、木村正（P63-1、P196、P197-4）、公益財団法人日本ナショナルトラスト（P109-4、P122、P123-4）、小山弓具（P150）、坂野原也（P24）、スタジオKUKU（P55-5）、須賀忍（P162）、墨の資料館（P200、P201-1）、竹中大工道具館（P13-1,2、P30、P49-3、P56、P57-4、P68、P71-3、P85-2、P93-1、P104、P105-4、P108、P146、P158、P161-2）、谷進一郎（P55-1、P144）、弟子屈町立弟子屈中学校（P155-1）、てるる詩の木工房（P115-2）、トヨタ三重宮川林業事務所（P133-4）、畑井工房（P87-4）、樋口木型製作所（P29-4）、北大山岳館（P25-3、P195-5）、北海道大学総合博物館（P173-1）、槙野文平（P208、P209-2）、松本民芸家具（P143-2、P183-4）、丸八碁盤店（P59-1、P124下）、水野美行（P170下、P171-4）、向山楽器店（P65-5、P157-4,5）、工房ぬりトン（P167-4）、木工房 島変木（P15-3）

監修を終えて

　西川栄明さんからこの本の出版について相談を受けたときは、正直、少し戸惑った。国内の有用樹木については、専門書のレベルから一般向けのガイド本に至るまで、優れた図鑑や事典が数多く出版されている。さらに、インターネットで検索すれば、情報の真偽はともかく、写真などはいくらでも拾うことができる時代である。しかし、刷り上がってきた誌面を見てみると、やはり書籍の閲覧性の良さは捨てがたい。樹木と木材と木製品のつながりを、1樹種についてまとまった形で見ることができる。また、本書で取り上げた国産有用樹種のように手頃なページ数に収まるものだと、関連する樹種のページを容易に開くことができる点で書籍の方が勝っていると思う。

　この本の特色は、数多くの樹木の用途に重点を置いてヴィジュアルに楽しめるところにある。木製品の写真1枚に一頁を割いた樹種も多い。さまざまな地域の木材の利用法が収集され、説明されている。水中メガネの枠に使うというモンパノキのように、地域限定の用途もあって興味深い。アオダモのバットやカヤの碁盤のように、定番の用途を持つ樹種もある。では、なぜ特定の用途にその樹種が使われるようになったのか、どういう点が他の樹種より優れていたのか。明快な理由がある場合もあるが、よくわからないものも多い。単に手近にあった木を使ったのが、いつしか伝統となったものがあるかもしれない。

　木の家具や造作の面白さは、木目や色調、ときには節やあて材といった欠点の中に樹木としての履歴が残されていることだろう。木材を見るときに、それが樹木として生きていたときの姿や、受けていたストレスを想像できれば、木を使う楽しみはより大きなものになる。たとえば、広葉樹材の代表格であるナラ材の強さは、枝葉を高く展開して風雪に耐える樹形に由来するのかもしれない、と想像することができる。それでは、ナラの柾目面に虎斑と称される美しい杢を現わすこともある広い放射組織は、いったい何のためにできたのだろうか。一つの木材を眺めているだけで、興味は尽きない。

　樹木がそれぞれの環境に適応しながら形成した木材を、その性質を生かした木製品として暮らしに使う。このように、人は昔から樹木や木材と密接に関わりながら暮らしてきた。本書が木に興味を持つ方々や木育活動の一助になれば幸いである。

　2016年2月

北海道大学農学部森林科学科（木材工学研究室）
小泉章夫

あとがき

　本書に掲載した写真の多くは、渡部健五カメラマンの撮り下ろしである（一部、博物館などからの借用や既刊本に掲載した工芸品などがある）。二人で北海道から沖縄まで、奥深い山や森の中、歴史的建造物や資料館、職人や木工家の工房などを訪ね歩いた。

　編集作業を終えて改めて各樹木のページを眺めてみると、様々な気持ちが交錯する。強雨の中、切り立った崖を眼下に望みながら悪路の林道をジープで山奥へ向かい、立ち姿の美しいトガサワラの木を撮影したこと。江戸指物や刀の鞘の職人さんから製作工程の貴重なお話をうかがったこと。木材見本は、私が以前より収集してきた平板に、今回新たに木材会社や製材会社の方からご提供いただいた平板を加えて撮影した。

　一つの樹種につき2ページという制約があったので、もっと大きく扱いたい写真や葉の特徴などをより鮮明にした写真を掲載した方がよかったという箇所もある。解説文で、その木の特徴をもう少し詳しくアピールしたいところもあった。いくつか心残りはあるのだが、全体的には今までにないタイプの木の図鑑が出来上がったのではないかと思っている。

　今回、最も苦労したのが、特定の木が使われている道具や家具などを探し出すことだった。特に古いものについては、恐らくこの木が使われていると思われるが断定はできないというものもあった。木の特定に関しては、学芸員や研究者の方々からのアドバイスが大いに参考になった。

　既刊の木材関連書籍や事典などには、様々な木の用途が記されている。ただし、それは現在ほとんど使われていないことが多い。それらの記載は、私の愛読書でもある明治時代に発行された『木材ノ工藝的利用』や『大日本有用樹木効用編』（両著ともに参考文献を参照）などから孫引きされている場合が多々あると推察する。例えば、アサダの用途に必ず記載されているのは、靴の木型。今回、木型製作に長年携わっている方や靴メーカーなどに取材してみたが、どなたもアサダの木型をご存じなかった。だが、つい最近まではミズメを使っていたと教えてもらい、現物も撮影させてもらった。現場を見て歩いて専門家から話を聞くことの大切さを、再認識した次第である。

　このように、このたび数多くの皆様のご協力により本書を出版することができました。改めて情報提供や撮影の際にお世話になった方々、監修してくださった北海道大学農学部森林科学科の小泉章夫先生、カメラマンの渡部健五さんに感謝の意を表します。

　2016年2月

西川栄明

著者　西川栄明(にしかわ　たかあき)

1955年生まれ。編集者、ノンフィクションライター。森林から木材、木工芸、木製家具、木育に至るまで、木に関するテーマを主にして編集や執筆活動を行っている。著書に、『板目・柾目・木口がわかる木の図鑑』『日本の森と木の職人』『一生ものの木の家具と器』『新版 名作椅子の由来図典』『手づくりする木の器』『木の匠たち』『北の木仕事』『北の木と語る』『木のものづくり探訪』など。共著に、『増補改訂 原色 木材加工面がわかる樹種事典』『漆塗りの技法書』『ウィンザーチェア大全』『木育の本』『名作椅子の解体新書』『名作椅子の解体新書 PART2』など。

監修者　小泉章夫(こいずみ　あきお)

1955年生まれ。北海道大学農学部森林科学科(木材工学研究室)元教授。元北海道森林審議会会長。研究分野は、木質科学、森林科学。研究課題は、有用樹種の材質、樹木の耐風性評価など。共著に、『コンサイス木材百科』『木質科学実験マニュアル』『森林の科学』など。監修に、『増補改訂 原色 木材加工面がわかる樹種事典』『板目・柾目・木口がわかる木の図鑑』など。

種類・特徴から材質・用途までわかる
樹木と木材の図鑑
──日本の有用種101

2016年 3月10日　第1版第 1 刷発行
2025年10月20日　第1版第11刷発行

著　者　西川栄明
監修者　小泉章夫

発行者　矢部敬一
発行所　株式会社 創元社
　　　　https://www.sogensha.co.jp/
　　　　〒541-0047 大阪市中央区淡路町4-3-6
　　　　Tel.06-6231-9010 Fax.06-6233-3111

組版・装丁　望月昭秀(NILSON design studio)
印刷所　TOPPANクロレ株式会社

©2016, Takaaki Nishikawa.Printed in Japan
ISBN978-4-422-44006-4 C2045

本書を無断で複写・複製することを禁じます。
落丁・乱丁のときはお取り替えいたします。

JCOPY〈出版者著作権管理機構　委託出版物〉
本書の無断複製は著作権法上での例外を除き禁じられています。
複製される場合は、そのつど事前に、出版者著作権管理機構
(電話 03-5244-5088、FAX 03-5244-5089、e-mail: info@jcopy.or.jp)
の許諾を得てください。